葡萄酒的
艺术

Wine Tasting

精品葡萄酒品鉴

（日）《葡萄酒艺术》编辑部　主编

张　军　译

辽宁科学技术出版社

沈　阳

目 录 CONTENTS

为了能够对葡萄酒做出精彩的品评

本书满载品评葡萄酒时所用的具体表达语句与有益的建议

囊括菜鸟和专业品酒师均可随手拈来的运用技巧!

一册在手即可系统地学习品酒知识

第3章　钻研品酒术——迈入专业品酒师的行列

第一步　探究专业的训练方法

第二步　化学分析香气

第三步　从酒杯学习品鉴

第1章
学习品酒术
——感知葡萄酒

葡萄种植者将自然赋予自己的恩惠倾注给了葡萄，酿酒师将自己的热情寄托给了葡萄酒。

我们消费者希望在饮用葡萄酒时能够更多地享受到葡萄酒带给我们的惊喜。

今天世界各地都在生产多种葡萄酒，若要准确地理解每种葡萄酒的本质，该怎样进行品鉴呢？我们要充分运用视觉、味觉、嗅觉来逐一解读葡萄酒所蕴含的信息。

究竟何为品酒？

　　若问到什么是品酒，人们往往会觉得回答起来很复杂，因为需要说出品种、产地、年份等问题，但是，其根本的目的始终在于了解"葡萄酒的本质"。如果能掌握一款葡萄酒的个性，就能够推算喝这种葡萄酒的最佳时机，然后考虑饮用温度、酒杯、配菜等，这样才能在最佳的状态下充分享受这种葡萄酒。生产者、进口商、售酒店、侍酒师、消费者等由于所处立场不同，着眼点也有所差异，但是在"本质的理解"这一根本点上并没有什么不同。另外，葡萄酒虽说是一种饮品，但在品鉴时，进行客观的观察是非常重要的。酒杯、温度等始终要在同一环境下，每次观察相同的项目，通过这种方式，可以在心中产生一种自己的品鉴指标。

　　现在市场上充斥着大量的世界各地生产的葡萄酒，味道的类型、价格等千差万别。希望大家能够通过品酒来看清葡萄酒的本质，根据场合来灵活地加以运用。

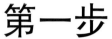

第一步

观其色

观察外观、解读颜色

　　凝视着倒入杯中的葡萄酒，想象着它的香气和味道，心中满满的都是期待。

　　通过观察，细细地去解读多种多样的葡萄酒所蕴含的信息。

要点1　观察外观

1.清澈度和光泽度是葡萄酒健全度的晴雨表

在品酒时，葡萄酒的外观可谓是第一印象。只拿一款酒很难评价其好坏，如果将同一类型的葡萄酒（白葡萄酒、红葡萄酒等）倒入多个杯子中进行对比，即可评价光泽度、浓度、色调等各种要素。这些要素体现葡萄品种、产地、酿制的年份、酿制方法等要因，即便是视觉即可识别的特征，也能够从中收集到许多信息。

状态的确认

外观由状态和色调两个要素构成。在状态方面应该抓住的要素是清澈度、光泽度、起泡性、酒圈（Disque）、黏性。前3个主要是用于探求葡萄酒的健全度、酿制方法的要素，葡萄酒的酒圈（Disque）、黏性是判断葡萄品种和产地的有效依据。

清澈度、光泽度、起泡性

清澈度用于鉴定葡萄酒是清澄还是混沌。基本上，上等的葡萄酒清澄、具有透明感，因此可以说是鉴定葡萄酒稳定性的要素。如果在酿制的过程中不进行过滤或在不澄清的状态下装瓶的葡萄酒，就会缺少透明感和清澈度。因此，有必要考虑是否进行了这些特殊酿制。

也可以从光泽度来判断葡萄酒的健全度，但大多与品种和酿制类型有关。一般情况下，酸性较高的葡萄酒具有色素稳定、光泽度增加的倾向。雷司令（Riesling）和黑皮诺（Pinot Noir）与此完全相符。另外，经过过滤的葡萄酒由于去除了杂质，所以在光的反射下，光泽度会增强。进而，处于适饮期的葡萄酒会令人感到有光泽，而错过适饮期峰值的葡萄酒则光泽消失，外观上的光泽度也会减少。

起泡性是起泡葡萄酒所必然存在的要

素。通过对气泡的势头、状态（气泡的大小、细密度）、持续性进行观察，可探知酿制方式 [瓶内的二次发酵或查尔曼法（methode Charmat）等]。一般情况下，采用瓶内二次发酵的方式进行长期精酿而成的起泡葡萄酒，细腻的气泡会持续存在。然而，采用查尔曼法（槽内二次发酵法）在短期内生成气泡的起泡葡萄酒，气泡粗大、虽有势头，但会很快消失，缺少持续性。另外，静态葡萄酒（Still Wine）有时也会出现微发泡（Slightly Sparkling）。这是酒精发酵所产生的二氧化碳未能完全排出依然残留在葡萄酒内的状态，贮藏期短、刚刚装瓶（速饮型）的年轻葡萄酒或因未除渣而导致未能完全排除二氧化碳的葡萄酒（密斯卡岱的酒泥）等所常见的。此外，具有残留糖分的葡萄酒装瓶后在瓶内发生再次发酵时也会出现微发泡。

2.根据酒圈与黏性来判断葡萄的成熟度

葡萄酒的酒圈与黏性

所谓酒圈指的是葡萄酒倒入酒杯时的液面，一般情况下，是品鉴白葡萄酒时需要查验的项目。葡萄酒的酒圈是酒精的密度所带来的，因此，酒精或甘油浓度越高，酒圈的厚度越厚。也就是说，酒圈较厚的葡萄酒表示葡萄的成熟度较高，还可以判断该葡萄酒产自气候炎热的地区或是浓郁度较容易提升的葡萄品种。另外，即便是甘油含量多的甜型葡萄酒，由于酒圈会变厚，对甜/干度的判定也非常有效。黏性也是判断酒精度数和甘油浓度等的基准要素。具体来说，观察沿酒杯侧面流下的所谓"酒腿（Wine Legs）"或"酒泪（Wine Tears）"的状态，根据流下的速度和滴数来确认黏性的强弱。当然，可以判断出黏性强的葡萄酒是用成熟度较高的葡萄酿制的。

观察葡萄酒状态的
3个要点

酒圈

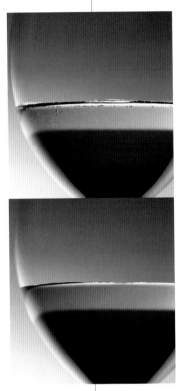

黏性

清澈度与光泽

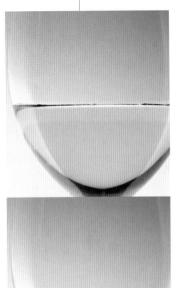

从正面观察装在杯子内的白葡萄酒的液面，我们能看到在表面张力的作用下，液面会向上凸起，葡萄酒的黏性越大，液面越厚。上面的照片，透明、发光的液面有一定的厚度，因此，可推测出酒精或甘油含量较多（使用的是气候炎热地区的葡萄或甜型葡萄酒）。下面的照片中透明、发光部分的厚度略薄于上面，因此可判断出该葡萄酒黏性较低。

将装有葡萄酒的酒杯略微倾斜，观察复原后的酒杯侧面。上面的照片几乎未留下葡萄酒流过的痕迹，顺畅流过的液体意味着其黏性较低，即可判断酒精和甘油等含量较少。下面杯子的侧面有葡萄酒流过留下的若干线痕，我们将其称作"酒腿"或"酒泪"。酒腿数越多，滴落的速度越慢，意味着黏性越高。

上面的照片是用普通酿制方法所酿制的白葡萄酒，没有不纯物呈现清澄状态。具有透明感的同时还散发出光泽，从外观上来看，可谓是健全度较高的葡萄酒。下面的图片中，葡萄酒则看上去稍混沌、模糊，感觉不到有较强的光泽。此时，可推测出劣化所导致的健全度不佳状态，但照片中的葡萄酒为无清澄、无过滤就装瓶的葡萄酒，不存在质量问题。看上去混沌时，可考虑两者都可能存在，最好进一步去观察其香气和味道。

评论例

有厚度
稍厚
中等
略薄
薄等

评论例

黏性强
稍强
中等
稍弱
如水等

评论例

清澄、清澈
有透明感、暗淡
略微暗淡、模糊
暗沉、无光泽
不透明、有漂浮物等

要点2　解读颜色

发绿的黄色

若颜色还残留有绿色（来自于白葡萄本身所具有的苯酚类）要素，即使是开始变黄，也可认为是刚酿制不久的新酒。因此，这个时点上的色调几乎都较淡。将自身颜色比较明亮的葡萄或在温暖地带成熟的葡萄进行压榨时，有时果汁的颜色在发酵前就已经呈现黄绿色。另外，由于酿制方法的不同，在果汁刚刚压榨出来不久就接近这个色调的情况也有很多。

浅绿色

这是一种类似白葡萄酒果肉本身的几乎接近透明的淡色调。给人一种几乎未受氧化影响的纯净印象，若处于这个阶段，则一定是刚刚酿制不久的新酒。多为采用长相思（Sauvignon Blanc）和密斯卡岱（Muscadet）等具有新鲜感的葡萄品种纯净酿制出的速饮型葡萄酒。乍一看来，感觉是冷凉产地品种的色泽，但即使是温暖产地的品种，为了突出爽快感，采用不锈钢桶进行酿造来极力减少与空气接触的机会，完全有可能成为这种颜色。

白

赤

红宝石色

是表示红葡萄酒色泽所常用的词语，是一种较抽象的表达，不同的人对此的理解存在很大的差异。一般情况下，黑皮诺（Pinot Noir）和佳美（Gamay）等品种多用于酿制勃艮第（Burgundy）葡萄酒，色泽的微妙之处在于青色较淡、红色增多的紫色形象。这种色泽还不会令人觉得葡萄酒已熟成，给人以新酒的印象。在红宝石色一词前，添加上"红色较浓""带有紫色"等辅助性词语，大多能更准确地表现这种色泽。

蓝紫色

该颜色来自于果皮所含的花色素苷（Anthocyanin），是一种类似黑葡萄皮般的青黑色的紫色。而且，由于几乎未受氧化的影响，所以色泽鲜艳，青色越浓越会给人以新酒的印象。Nouveau（法语：当年的新葡萄酒）和Novello（法语：新）等新酒大多为该色泽。另外，色素结构因品种而异，赤霞珠（Cabernet Sauvignon）和西拉（Syrah）葡萄等往往是较青的紫色。在这种色泽阶段，色调较浓。

从色调能读取到的信息

根据色泽能够探索到熟成度、产地、品种、酿制等多方面的信息，我们第一要考察的是熟成度。首先要确认实际的葡萄酒的色泽在上面色卡上的位置。

该色卡排列了色调表现所常用的色彩，色彩由右至左移动，表示熟成的进展。一般情况下，同一品牌的葡萄酒，新酒的色泽来自于葡萄本身，随着时间的变化，由于氧化熟成的进展，褐色感增加，色泽逐渐演变成褐色。

白葡萄酒在新酒的阶段颜色来自于果皮所含的苯酚类，是一种接近于透明的绿色。随着时间的变化，黄色感增强，进而，随着熟成加剧，转变成带有褐色的色泽。

另一方面，红葡萄酒在新酒阶段的颜色来自于果皮的花色素苷，是一种类似黑葡萄皮内侧的发青的紫色。然后，红色逐渐增强，进而，熟成使色泽的褐色要素增多。

当然，这些变化的发展状况会因葡萄品种、收获年份、酿制方法而异，因此，很难严密地认定在哪一年熟成。虽说如此，根据色泽在色卡上的位置能够确切地判断出是否是新酒或是否熟成。

黄褐色

由于褐化是氧化所导致的，一般情况下，表示葡萄酒已经有了某种程度的熟成，大多色调较浓。另一方面，意大利弗留利（Friuli）等地的自然派生产者多采用浸渍法（Maceration）发酵，这种方法往往会使葡萄酒在新酒阶段就呈现为褐色的色调。另外，无添加SO$_2$的葡萄酒倒入杯中后，会发生剧烈的氧化，眼看着发生褐化。黄褐色进一步褐化后，甚至会变成接近熟成的红葡萄酒色泽的茶褐色或琥珀色。

金黄色

这种带有鲜艳的黄色、光艳的浓色调多见于利用浓郁度较高的葡萄采用桶发酵、桶熟成等方式酿造的高品质葡萄酒。一般情况下，干型葡萄酒经适度熟成后，在迎来适饮期的阶段会出现上述光泽。科通查理曼（Corton-Charlemagne）等陈年潜力高的勃艮第至尊白葡萄酒变成此色调需要20～30年。另一方面，苏玳（Sauternes）甜白葡萄酒等在比较早的阶段就会呈现金黄色。

黄色

是不再存在绿色因素的黄色。木桶酿造、温暖产地、品种等因素有时也会使色泽在新酒阶段变成不含绿色因素的黄色。另一方面，黄绿色的新酒在适度的熟成之后，色泽也可能变成黄色，色彩的浓淡有一定的变化幅度。迎来适饮期后，色调光艳鲜亮时，呈亮黄色，开始出现氧化倾向后，色调不再刺眼时，酒的色泽会变成稍暗的黄色或草黄色。

砖红色

该颜色在法语中是"Tuile"，熟成所带来的氧化导致褐化加剧而呈现的赤褐色状态，大多属于陈酒。由于色素使单宁等聚合形成渣滓后变得暗淡，因此，液体本身的色调较淡，即便原本是色调浓厚的品种，也会产生透明感。达到这种色泽所需的时间会因酿制方法和品质等因素而出现很大的差异。例如，西班牙的Gran Reserva（特级陈酿）等利用大桶进行长期熟成的传统型葡萄酒会较早地达到这个色调。

石榴石色

与红宝石色相同，为抽象的容易产生误差的颜色，在红葡萄酒的色泽中，频繁用它来描述色泽。我们能够抓住的色泽的微妙所在，大多是表示红色加上因若干氧化熟成所带来的褐色的状态。一般情况下，该表现多用于波尔多（Bordeaux）和罗纳河谷（Rhone River）等比较温暖的产地所产的迎来适饮期的葡萄酒。在石榴石色这一词语前面，添加上"带橙色"或"带红色"等词语会更能准确体现该色泽。

红色

为黑葡萄果皮所含的花色素苷所带来的青褐色消失的状态，经过一段时间之后，变成给人以沉静感的红色。品种不同，达到这种色彩所需时间也有所不同。它是经过恰到好处的熟成后，迎来适饮期时容易出现的色泽，呈现明亮的光泽，色调给人以鲜活感。与两侧的红宝石色和石榴石色在色彩上能看出有明显的不同，但它们均属于红色的范畴。同一品种时，在这个阶段大多处于将浓度维持在某种程度的状态。

顺便说一句，酸和单宁等成分较多的葡萄酒、高品质的葡萄酒、Great Vintage（年份佳酿）等葡萄酒由于熟成速度较慢，所以色泽的变化也较迟缓。若要根据色调来判断熟成度，有必要将这些因素考虑在内。

颜色的浓淡也非常重要

若要探明熟成度，还不可忽视对颜色浓淡的观察。

熟成所造成的颜色浓淡的变化，白葡萄酒和红葡萄酒是截然不同的。只对果汁进行发酵的白葡萄酒，在新酒时颜色像果汁本身一样浅淡透明。随着熟成所导致的氧化加剧，颜色会慢慢变浓。

另一方面，带皮进行发酵的红葡萄酒，在新酒时由于来自果皮的色素成分花色素苷会细微溶出，所以色调较浓。随着时间的变化，色素和单宁等发生聚合而形成固体沉淀物，因此，葡萄酒本身的颜色会变淡、透明度增强。当然，品种和产地、酿制方法等也是影响颜色浓淡的重要因素。对此，将在下面进行详细探讨。

法国／勃艮第
色调：中度至稍浓
有光泽的亮黄色
尽管霞多丽本身的色调较淡，但是由于该样品为小桶发酵熟成的（新桶比例25%），因此，果汁原有的淡绿色会渐弱，在缓慢氧化的同时，还受到源自酒桶材质的苯酚的影响，从而变成稍浓的黄色色调。圣维朗（Saint-véran）位于勃艮第产区的南部，使用45年树龄所产的葡萄，经过2年的熟成后，才出现这种色调。
————————
Saint-véran 2008
Olivier Merlin

*WHITE
Wine*

白葡萄酒
的葡萄品种

——

　　从现在开始，我们改变一下视角，从葡萄品种来探讨色调的差异。
　　同时期酿造的葡萄酒，根据品种、产地、酿制、品质会使色调产生多样性变化。

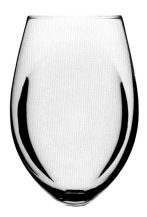

美国／加利福尼亚
色调：浓度中等的黄色
提到加利福尼亚产的霞多丽，人们往往会联想到其较浓的色调。但是，实际上，人们几乎感觉不到新酿的葡萄酒因产地的不同所带来的色调差异，仅凭色调是很难判断产地的。这种葡萄酒与上面勃艮第产的葡萄酒一样，由于是小桶发酵、熟成的（新桶比例10%～15%），因此，与温暖产地的其他品种相比，其色调稍浓。其年份比勃艮第产霞多丽年轻一年，这或许是二者色调浓淡差异的原因之一。
Central Coast Chardonnay
"Cuvee V" 2009 Calera

CHARDONNAY
霞多丽

葡萄固有的色调与各自的酿制所带来的差异

　　与果皮接触时间较少的白葡萄酒可以从苯酚类所获得的色素成分较少。因此，新酿的葡萄酒普遍呈淡色调，与浓淡、具体的色味相关的变化的幅度也不大。但是，品种的不同，也会出现微妙的差异，这是葡萄本身的原因所致，与此同时，也与各个品种所采用的酿造方式有关。所以，很难一概而论地断言色调本身体现品种的个性，在此，我们在考虑适合发挥品种个性的酿制方式的同时，还需要观察品种所带来的色调差异。
　　一般情况下，用新鲜品种的果香（Aroma）突出的葡萄品种所酿制的葡萄酒，大多颜色较淡、带有绿色。这是由于它们来自于品种本身的色调也较淡，与此同时，为保持清爽感和品种原有的果香而采用不锈钢桶短期纯净酿制的方式。如果是与空气接触机会较少的酿制方式，很难受到氧化的影响，能够保持跟果汁本身一样的淡色调。

法国／阿尔萨斯

色调：由淡至中等的亮黄色

含酸量较多的雷司令在酸的影响下所呈现出的亮丽光泽是其特点之一。另外，在阿尔萨斯地区，有很多生产者采用旧大桶这种传统方式进行酿造，这种方式所酿造的葡萄酒呈现黄色色调。但是，该地区的旧桶容量大，内部附着大量酒石酸(Tartaric Acid)，所以，不会出现小桶和新桶熟成所常见的显著氧化以及受桶材的影响较小。这种葡萄酒采用温度可控的大桶或罐槽酿制。

—————

Alsace Riesling
2008 HugeletFils

法国／卢瓦尔河谷

色调：带有淡绿色的黄色

包括桑塞尔(Sancerre)在内，卢瓦尔河谷上游的冷凉的尼韦奈 (Nivernais)地区所产的利用长相思葡萄所酿制的白葡萄酒，由于突出品种和产地所带来的爽快感，其主流酿制方式是利用不锈钢酒槽进行纯净酿制。其熟成时间短，上市较快，因此，不易受到氧化的影响。所制成的葡萄酒依然留有果汁本身所拥有的接近透明的淡绿色色调。

—————

Sancerre "La Vigne Blanche"
2009 Henri Bourgeois

澳大利亚

色调：带有淡绿色的亮黄色

尽管是温暖产地的葡萄酒，但近年来的主流是强调清爽酸味的纯净 (Clean)型。这种葡萄酒是用不锈钢酒槽对2月末至3月初凉爽夜晚机械采收的葡萄进行发酵，经过澄清、过滤后，在同年8月装瓶，以快速酿制的方式来极力避免氧化的影响。因此，尽管是带有淡淡绿色的色调，也能够表现雷司令所特有的光泽。

Art Series Riesling
2009 Leeuwin Estate

美国／纳帕谷

色调：淡淡的浅绿色

过去我们常看到的加利福尼亚产长相思是色调稍浓的桶熟成型葡萄酒，近年来，消费者追求易于与食物搭配的高雅的葡萄酒，要求长相思具有爽快感的呼声很高，因此，即便是温暖产地所产的品种也仅采用不锈钢酒槽进行酿制的情形有所增多。所以在外观上没有了氧化的痕迹，葡萄酒传递着活力和纯净新颜色，呈现出接近透明的淡绿色色调。

Girard Sauvignon Blanc
Napa Valley 2009 Girard winery

RIESLING

雷司令

SAUVIGNON BLANC

长相思

观察上面的图片可知，长相思、密斯卡岱等为典型的淡色调葡萄酒。但是，波尔多的长相思等采用木桶熟成的葡萄酒，浓度在其影响下会升高。另外，一般情况下，多采用木桶熟成、浓度中等的色调感较强的霞多丽，事实上由于品种本身较淡，仅使用不锈钢桶酿制有时也会有令人意外的淡色调，例如夏布利葡萄酒（Chablis）等。

另一方面，琼瑶浆（Gewurztraminer）等虽然是白葡萄酒，但如果是果皮本身带红色的品种，绿色调会较少，呈现黄色为中心的稍浓的色调。另外，利用贵腐葡萄酿制的波尔多甜型葡萄酒、苏玳甜白葡萄酒等，由于使用的是将水分蒸发掉的浓缩葡萄，因此所获得的果汁的颜色较浓，再加上木桶熟成的影响，葡萄酒的色调呈较浓的金黄色。

另外，包括上述的琼瑶浆在内，雷司令（Riesling）、长相思等香气较高的芳香型葡萄品种，由于采用突出葡萄香气的酿制方法，有时会加长果皮接触时间。此时，苯酚类在果汁内的萃取量增加，不仅香气，色调也会出现略微变浓的倾向。

法国／阿尔萨斯

色调：由略淡至中等程度的黄色

琼瑶浆虽然是白葡萄酒，但果皮是发红的灰色。因此，会有少许果皮所含的色素被萃取到压榨的果汁中，所酿制出来的葡萄酒在新酒阶段给人留下绿色色调较淡而黄色较浓的印象。灰皮诺 (Pinot Gris) 和甲州等都是灰色调的品种。在阿尔萨斯地区，雷司令也是如此，有很多生产者采用传统的旧桶、大桶酿造，对色调产生的影响较小。

————

Alsace Gewürztraminer
2008 Hugel et Fils

美国／华盛顿

色调：略浓的亮黄色

尽管赛美蓉给人以强烈的甜型葡萄酒印象，但很多干型葡萄酒也是由不带贵腐菌的葡萄所酿制的。由于所采用的葡萄品种香气适度、酸度也较温和、易产生酒精的量感，因此，与采用不锈钢酒槽来追求酒的清爽性的酿造方式相比，大多采用木桶的酿造方式来突出复杂和稳定的酒体。这种葡萄酒是将处于内陆、气候炎热的华盛顿所产的赛美蓉 (Semillon) 葡萄利用法国橡木桶进行发酵、熟成的。因此，呈现出较浓的色调。

————

Semillon2008 L'ecole No.41

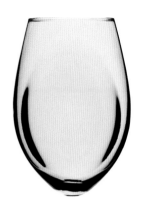

GEWÜRZTRAMINER

琼瑶浆

法国／卢瓦尔河谷

色调：带有淡绿色的亮黄色

在法国西北部、靠近大西洋的卢瓦尔河各下游冷凉产地的大普隆南特 (Gros Plant du Pays Nantais) 所栽培的密斯卡岱葡萄，品种缺乏个性，果香味较淡，是一种较为中庸的品种。因此，不锈钢酒槽酿制是主流的酿制方式，为纯净 (Clean，没有厌恶或不明的气味)、快饮型白葡萄酒。为使酒体丰满而采用酒泥陈酿法时，由于不进行除渣，与空气接触的机会进一步减少，所以色调较淡接近半透明。

————

Muscadet Sever et Maine Sur Lie
Grand Mouton 2009
Domaine Grand Mouton

法国／波尔多

色调：较亮的金黄色

附着在赛美蓉葡萄上的灰葡萄孢菌会使水分蒸发，从而使葡萄变成干葡萄，甜型葡萄酒王者至尊的苏玳就是使用这种贵腐葡萄所酿制的，因此，它与一般的干型葡萄酒不同，发酵前的果汁的色味本身就已经很浓厚。而且，由于采用小酒桶酿制，新桶比例高，所以在刚上市的新酒阶段，就呈现较亮的金黄色。

————

Carmes de Rieussec 2007

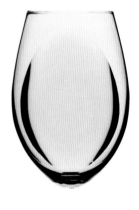

MUSCADET

密斯卡岱

SEMILLON

赛美蓉

产地、栽培方式的不同所带来的差异

即便是同一时期、同一品种利用同样方式所酿制的葡萄酒，由于产地的不同，也可能会出现色调的变化。一般情况下，与冷凉产地相比，温暖地区所产的葡萄熟透后、糖度升高，与此同时，葡萄皮绿色色调降低，而黄色调增强，从而色调较浓。所酿制出的葡萄酒的色调与原料葡萄的成熟度成正比，冷凉产地的葡萄所酿制的葡萄酒色调较淡、绿色色感强，温暖产地的葡萄所酿制出的葡萄酒色调较浓，黄色色感较强。

但是，近年来，为了使温暖产地出产的葡萄也能够酿造出酸、糖均衡的葡萄酒，很多的葡萄种植者通过在高海拔田地栽培、叶冠管理等方式进行剪枝管理或调整采摘期，以此来避免葡萄受到过度的阳光直射，这一点也是需要我们加以考虑的。另外，从葡萄的浓缩度观点来看，即便是同一产地，葡萄的采收量也会导致浓缩度的差异，因此，品质也可以说是影响浓淡、具体色调的因素。

12～14页上收录了6个具有代表性的白葡萄品种以及3个不同产地的葡萄酒。我们要在充分理解品种所带来的差异的基础上，来比较2个产地的葡萄在浓淡和实际色调上的差异。

酒槽与酒桶的差异

　　为了能够准确把握酿制方式的不同所带来的浓淡差异、实际的色调变化，我们来比较一下同一品种利用不同酿制方式所酿制出的葡萄酒。

　　发酵、熟成容器的不同，会使葡萄酒的氧化状况出现差异，在产生风味差异的同时，在色调上也会产生变化。大家想象一下刚切削的苹果与切完后搁置一段时间的苹果在切口上所出现的颜色差异，即可对此有充分的理解。如果是仅使用不锈钢酒槽进行酿制，由于与空气接触较少，能够维持残留有果汁本身绿色的淡色调。另一方面，若是用木桶进行酿制，由于与空气接触较多，氧化会缓慢进行，使风味变得复杂，但与此同时，色调也会受到氧化的影响，呈现黄色调增强的倾向。木桶所含的苯酚类会被微量萃取到熟成过程中的葡萄酒中，尽管对色调的影响较微弱，但这种影响依然是存在的。

　　另外，东北部的自然派生产者多采用果皮浸渍法进行发酵，来自果皮的萃取物的增加使酒的色彩变浓。灰皮诺与琼瑶浆一样，是带有红色色调的白葡萄酒，但是，强压榨后，果皮的色素被萃取出来，而成为粉红色的果汁。将其进行发酵而成的便是酡红葡萄酒（Blush Wine）。

WHITE Wine
酿制带来的色差

　　图片中杯子内所装的是意大利的灰皮诺葡萄所酿制的4种葡萄酒。即便是同一品种，但酿制方式的不同，也带来了如此色调差异。

木桶熟成
色调：略浓的带有橙色倾向的黄色

新鲜、果香是灰皮诺的主流，但另一方面，为了追求香气、味道的复杂性而使用木桶的酿造方式已经成为固有的方式。弗留利·威尼斯朱利亚大区（Friuli—Venezia Giulia）所产的这种葡萄酒利用225L的酒桶进行发酵，连同沉淀物一起熟成7个月。与空气进行适度的接触，由桶材所萃取出的苯酚类以及葡萄果皮的颜色都会对酒产生影响，因而形成稍浓的带有橙色倾向的色调。

——————
Dessimis Piont Grigio
2008 Vie di Romans

不锈钢酒槽发酵
色调：略淡的淡黄色

不锈钢酒槽所酿造的新鲜果香白葡萄酒是以意大利东北部为中心的地带所栽培的灰皮诺葡萄最为普遍的酿制方式。特伦蒂诺·上阿迪杰大区（Trentino—Alto Adige）所产的这种葡萄酒也是利用不锈钢酒槽进行发酵，经过3个月的熟成后装瓶。由于与空气接触较少，因此色调稍淡，但由于灰皮诺葡萄的果皮发红，所以压榨出来的果汁本身绿色调较淡，即便是新酒黄色调也较强。

——————
Ritratti Pinot Grigio
2009 La-Vis

玫瑰红酒
色调：稍淡的浅橙色

威内托大区（Veneto）所产的这种葡萄酒利用不锈钢酒槽进行短期间浸皮（Skin Contact），在色素萃取到恰到好处的时候，进行软式压榨、清澄后，采用低温发酵。在浸皮的影响下，发酵前的果汁已经带有来自于灰皮诺葡萄的粉红色，但由于利用不锈钢酒槽的低温发酵，与空气接触较少，酒会承继果汁本身的淡淡细腻的色调。

——————
Piont Grigio Blush 2009
Casa Vinicola Sartori

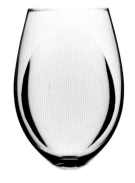

浸渍法
色调：较浓的略带褐色的橙色

由于是使用灰皮诺葡萄所酿制的，因此属于白葡萄酒，但酿制方式却是红葡萄酒式的。连皮和葡萄籽同时发酵、浸渍。因此，与果皮的接触时间较长，果皮的色素被萃取出来，呈现浓色调。在弗留利·威尼斯朱利亚大区（Friuli—Venezia Giulia），有很多采用这种酿制手法的自然派生产者，常见有深黄褐色的葡萄酒，但正因为是果皮发红的灰皮诺，所以才有红葡萄酒般的颜色。

——————
Venezia Giulia IGT
Piont Grigio "Sialis"
2004 Franco Terpin

RED
Wine

红葡萄酒
的葡萄品种

—

与白葡萄酒相比，红葡萄酒发酵温度高，与果皮的接触时间长。红葡萄酒很容易根据色调辨别出葡萄的品种。我们配合其他因素来进一步探究色调的差异。

法国／波尔多左岸
色调：颜色集中到杯子的边缘，较浓、中心部位呈现发黑的紫红色
不仅葡萄本身的色调较浓，而且梅多克（Medoc）等级为三级的著名葡萄酒，品质高且年份较轻，呈现出较浓、充满活力的复杂的紫色色调。品种构成为赤霞珠80%、梅鹿辄（Merlot）15%、味而多（Petit Verdot）5%。不锈钢酒槽发酵后，进行16～18个月的木桶熟成（新桶60%）。酸和单宁含量较多的葡萄酒熟成速度平缓，因此，色调的变化也较慢。
————————
Château Ferrière 2008
（参考品）

智利
色调：颜色集中到杯子的边缘，较浓、杯缘呈现带有粉红色倾向的紫红色
总体上为赤霞珠所独特的浓色调，尽管产地是气候炎热的智利，即便与波尔多相比较，也很难令人感到二者在色调上的差异。作为主要原因，当然存在酿造和品质等方面的差异，但是该酒的年份似乎表明创纪录的寒冬，其影响也必须考虑在内。为红色倾向较强的紫色，感觉熟成速度比波尔多快。酿造方式是不锈钢酒槽发酵，经过12个月的木桶熟成（新桶33%）。
————————
Max Riserva Cabernet
Sauvignon2008
Viña Errazuriz

CABERNET SAUVIGNON
赤霞珠

黑葡萄品种带来的差异

　　连同果皮一起发酵、利用浸渍法所酿制的红葡萄酒，由于色素成分来自果皮的花色素苷能够充分萃取到酒中，因此，与白葡萄酒相比，在新酒阶段的品种个性更容易体现出来。

　　由于浓淡与花色素苷的含量成正比例，所以，一般情况下，果皮较薄的品种的色调稍淡。具有代表性的有黑皮诺和佳美（Gamay）。另一方面，果皮较厚、粒小的葡萄所酿制的酒呈现浓色调，具有代表性的是西拉（Syrah）和赤霞珠，其后是梅鹿辄。

　　实际的色调也会因品种的色素构成的不同而出现微妙的差异。如果将淡色调的黑皮诺和佳美进行比较，黑皮诺是带有红色倾向的紫色，与此相对，佳美则是青色感较强的紫色。如果加上外观状态，黑皮诺的特点是具有透明感、有较强的光亮感，色调细腻，在外观上即可容易对品种做出判断。另一方面，佳美虽有透明感，但光亮感不如黑皮诺那么强烈。

　　在色调较浓的品种当中，赤霞珠和西拉是发黑、较暗的深紫色。与其相对，梅鹿辄的色调是红色感较强的亮紫色。

法国／勃艮第
色调：稍淡、有光泽、透明感、红色感较强的红宝石色

具有透明感的淡色调是果皮较薄的黑皮诺葡萄的特点之一。另外，由于是酸味较强的葡萄，所以容易从光泽、优雅的外观上来判定葡萄酒品种。这种葡萄酒是冷凉的勃艮第所产的比较轻柔的2007年份酒，因此，红色感已经很强、更清淡。黑皮诺的色调细腻，很容易表现出年份和酿造、风土条件等的影响。

――――――
Côte de Beaune−Villages
2007 Maison Joseph Drouhin

法国／波尔多右岸
色调：颜色集中到杯子的边缘、很浓、中心部位呈现发黑的石榴石色

用水泥发酵槽将产量低、经过严格筛选的梅鹿辄葡萄发酵以后，进行36个月的木桶熟成（新桶70%）。年份佳酿（Great Vintage）2005年的浓色调表示该酒的浓缩度极高。一般情况下，用梅鹿辄所酿制的葡萄酒的色调比赤霞珠更红，熟成速度也更快，这种鲜艳、复杂的色调传递出很高的陈年潜能。

――――――
Poupille 2005

美国／俄勒冈
色调：稍淡、鲜艳的红宝石色

透明感、明亮光泽是黑皮诺的真正色调。但是，与勃艮第产的黑皮诺相比，仅在中心部位可见泛黑的鲜艳颜色，由此可以判断出是温暖产地的具有浓缩感的葡萄所酿制的高酒精度葡萄酒，是一种新酿的黑皮诺。包括俄勒冈在内，澳大利亚、智利等温暖产地的黑皮诺目前有所增多，整体上，比原产地勃艮第所产的葡萄酒色调稍浓。

――――――
Pinot Noir
2008 Torli Mor

智利
色调：颜色集中到杯子的边缘、较浓、中心部位呈现发黑的石榴石色

利用不锈钢酒槽将树龄60年所产的葡萄发酵，进行8个月的木桶熟成（新桶20%）。即便存放5年，色调依然很浓，色泽鲜艳，这样的色调除了表示葡萄的浓缩感，还能够令人感受到其品质之高。由于梅鹿辄为多产型葡萄，所以多用来制作高产量的休闲葡萄酒，色彩的浓淡也与葡萄产量成比例。与上面的波尔多产葡萄酒相比，其红色感较强，熟成速度也稍快。

――――――
Cuvée Alexandre Merlot
2006 Lapostolle

PINOT NOIR
黑皮诺

MERLOT
梅鹿辄

产地、栽培带来的差异

　　与白葡萄酒相同，即便是同一时期用同一方式所酿造的同一品种的红葡萄酒，大多也会由于产地的不同而出现颜色的浓淡差异。这是因为葡萄原料的浓缩度所致，冷凉地区所产的葡萄酿制出的酒色调较淡，而在日照量较多的温暖地区，所酿制出的葡萄酒容易形成较浓、泛黑的色调。

　　品质也会对色调浓淡产生影响，即便是冷凉产地所产的葡萄，如果限制产量，用陈年潜能高的葡萄所酿制的高品质葡萄酒，要比休闲型葡萄酒的色调更浓。另外，如果将松软的沙质土壤和含黏土较多的土质肥厚的土地所栽培的同一品种的葡萄酒进行比较，我们会发现含黏土较多的土质肥厚的土地所产的葡萄酿造出来的葡萄酒会有色彩较浓的倾向。

　　由单一品种所酿造的、色调细腻的黑皮诺葡萄酒是能够明显反映这种风土条件和栽培所带来的外观差异的品种。如左上图片所示，不同生产国产地（勃艮第和俄勒冈）的比较自不待言，我们要利用同年的AC勃艮第和列级酒庄（Grand Cru），同年的香波·慕西尼（Chambolle−Musigny）村和热夫雷·香贝丹（Gevrey−Chambertin）等风土条件不同的原产地所产的葡萄酒样本去确认其差异。

法国／卢瓦尔河谷

色调：中等浓厚的紫红色

品丽珠是赤霞珠的先祖。两者相比后，我们会发现它们在紫色色调上是相似的，品丽珠的色素含量相对较少。以希侬（Chinon）为例，主要生产品丽珠的卢瓦尔河谷中游地区为气候冷凉的葡萄产区。过去主要出产休闲型葡萄酒，所以淡色调的葡萄酒较多，不过，近年来，高品质的葡萄酒有所增多，收获量和酿造方式的不同，在酒的色调浓淡性方面出现了多样化。

————————

Chinon les Granges
2008 Bernard Boudry

法国／罗纳河谷

色调：颜色集中到杯子的边缘，较浓的紫红色

这是一种具有西拉特色的浓色调，但浓缩感不如澳大利亚西拉子。罗纳河谷地区西北部有多个西拉葡萄酒的原产地，克罗兹·埃米塔日(Crozes Hermitage)葡萄酒具有纯净的酸，酒体较轻，色调也比埃米塔日和罗第丘(Cote Rotie)稍淡。由于是含酸和单宁较多的品种，所以熟成所引起的颜色变化也很平缓，出品至今已经5年了，依然是鲜艳的紫色。

————————

Croze Hermitage
2006 Alan Graillot

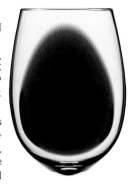

品丽珠 (CABERNET FRANC)

法国／博若莱

色调稍淡、有透明感、中心部位略微泛黑的红宝石色

淡淡的具有透明感的色调是该品种葡萄酒的特点，但明亮光泽度不如黑皮诺，为中心部位略微泛黑的红宝石色，缺乏细腻性。与红色感较强的黑皮诺相比，品种本身的色调紫色感较强。二氧化碳浸泡法（Maceration carbonique）所酿制的博若莱新酒（Beaujolais Nouveau）更淡，相反，墨贡（Morgon）等博若莱特级（Cru Beaujolais）葡萄酒则色调稍浓。

————————

Beaujolais-Villages
2009 Maison Joseph Drouhin

澳大利亚

色调颜色集中到杯子的边缘，很浓、中心部位泛黑的紫红色

品种本身所具有的浓色调自不待言，精选温暖的澳大利亚所产的葡萄，经过24个月的小桶熟成后，无过滤装瓶等，这些使葡萄酒色调变浓的要素集中在一起，造就了颜色集中到杯子的边缘泛黑的浓厚色调。尽管澳大利亚的西拉具有色调浓厚的形象，但由于收获量和酿造方式的不同，也有一些具有透明感的淡色调的葡萄酒。

————————

Killerman's Run
Shieaz 2007 Kilikanoon

佳美 (GAMAY)　　西拉 (西拉子) SYARH(SHIRAZ)

酿造带来的差异

在红葡萄酒的酿制方面，发酵温度和浸泡期间等会因生产者欲酿制出的风味目标而异，但由于连同含有花色素苷的果皮一起发酵，这些都会对酒色的浓淡产生影响。当然，高温发酵、长期浸泡、频繁的踩皮（Pigeage）等萃取强度大时，往往会使酒色变浓。另外，为了稳定萃取果皮的色素，会在酿造时添加SO_2，因此，未添加SO_2的葡萄酒的酒色大多会较淡。

用于熟成的酒桶种类不同也会使酒色的浓淡产生变化。红葡萄酒的花色素苷通过与空气中的氧的接触，与单宁紧密结合，能够变得更稳定。因此，与氧的接触面积较大的小桶熟成要比大桶熟成的色调更浓。而且，用氧透过率较高的新橡木桶熟成，由于上述原因，色调会进一步变浓。

其例之一是用丹魄（Tempranillo）所酿制的西班牙里奥哈（Rioja）产的葡萄酒，如果将大桶熟成这一传统模式与橡木桶新桶熟成的现代型酿制方式相比较，你会发现相同产地、相同品种所酿造出来的葡萄酒也会有浓淡的差异。

放血法（Saignee）与直接压榨法

如果将各种桃红葡萄酒（Rose Wine）排成一排，丰富多彩的色调会使你大吃一惊。我们也要和红、白葡萄酒一样对它们的浓淡和实际色调进行观察。

从浓淡状况首先能获得的信息是酿制方法。桃红葡萄酒的代表性酿制方法是放血法与直接压榨法。

与黑葡萄的果皮进行一定期间的接触后，将果皮分离，只对液体进行持续发酵的方法是放血法，由于来自果皮的色素萃取量较多，因此酿出的葡萄酒大多色调较浓。但是，由于生产者和产地等因素的不同，果皮的接触时间也由数小时至数日不等，即便同是放血法所酿制的葡萄酒，也会产生浓淡的差异。

另一方面，将黑葡萄进行压榨、对仅萃取有微量色素的果汁进行发酵的方法是直接压榨法，由于该酿制方法不与果皮发生接触，因此，花色素苷的萃取量少，成为淡色调的桃红葡萄酒。

由于桃红葡萄酒在世界各地是由品种不同的葡萄所酿制的，因此，产地和葡萄品种等的不同，使酒的实际色调也出现了多样性。表示桃红葡萄酒色调的用语有：灰色、浅橙色、泛青的粉红色、淡玫瑰色、淡红宝石色、泛橙色的玫瑰色、圆葱皮色、山鹬眼的颜色等，表现方式丰富多彩。

RED Wine
红葡萄酒的色彩变化
—

丰富多彩的色调之美是玫瑰葡萄酒的魅力之一。从浅橙色到朝霞般的红宝石色，可谓绚烂多彩，我们要仔细观察世界各地的玫瑰红葡萄酒的色调。

马桑内玫瑰红葡萄酒
色调：稍淡的红宝石色
使用勃艮第地区马桑内村所产的葡萄，并用直接压榨和放血法两种酿制方式。明亮的色调充分彰显黑皮诺的特质！
———————
Marsannay Rosé 2009
Domaine Bruno Clair

普罗旺斯玫瑰红葡萄酒
色调：较浓、为带有类似圆葱皮色般橙色的粉红色
对慕合怀特 (Mourvedre)、歌海娜 (Grenache)、神索 (Cinsault) 进行软式压榨后低温发酵。呈现极淡的色调。
———————
Bandol Rosé Coeur de Grain
Château Romassan 2009
DomainesOtt

塔维勒玫瑰红葡萄酒
色调：较浓、带有石榴石色的鲜艳红宝石色
将温暖的罗纳河谷地区所产的歌海娜浸泡数日而酿成，因而色调较浓，红色感很强。
———————
Tavel Rosé Beaurevoir 2009
M.Chapoutier

安茹玫瑰红
色调：稍淡的红宝石色
对冷凉的卢瓦尔河谷地区所产的果若 (Grolleau) 葡萄进行软式压榨而酿成。特征是鲜嫩的淡色调。
———————
Rosé d'Anjou
2009 Lacheteau
Domaine Bruno Clair

白仙粉黛玫瑰红葡萄酒
色调：稍淡的浅橙色
利用直接压榨法酿制美国的仙粉黛葡萄。由于是温暖产地所培育的葡萄，色素含量较多，因此，果汁也适度着色。
———————
Beringer California
White Zinfandel 2008 Beringer

意大利玫瑰红葡萄酒 (Chialetto)
色调：色彩浓度温和、鲜亮的樱桃粉色
在意大利指颜色鲜亮的玫瑰红葡萄酒。并用直接压榨法和放血法酿制而成。
———————
Bardolino Chiaretto DOC
"Infinito" 2009 Santi

切拉索洛 (Cerasuolo) 玫瑰红葡萄酒
色调：稍浓、带有石榴石色的红色
切拉索洛在意大利指色浓的玫瑰红葡萄酒。利用色素含量多的蒙特布查诺 (Montepulciano) 葡萄酿制。
———————
Palio Montepulciano
d'Abruzzo Cerasuolo 2009 Citra

波尔多的放血法
色调：带有较浓石榴石色的鲜红色
葡萄品种为赤霞珠，是色素含量多的品种，利用浸渍法所酿制的，所以呈浓色调。
———————
Château de Parenchère
Bordeaux Claire 2009

CHECK LIST
外观·颜色检查法

下面罗列了品鉴葡萄酒时视觉可捕捉到的7个要素。我们要养成经常观察这7个要素的习惯。

1. 清澈度
→稳定性、酿造

2. 光泽
→稳定性、酿造、品种

3. 发泡性
→酿造、年份

4. 酒圈
→产地、品种

5. 黏性
→产地、品种

6. 酒色的浓淡
→品种、产地、年份、酿造

7. 实际的色调
→品种、产地、年份、酿造

观察外观的时候，每次都可以客观地捕捉同一要素是非常关键的。一开始也许会觉得难以判明它们微妙的差异，随着观察次数的增多，慢慢习惯后，就会逐渐形成一个自己的标准。而且，通过每次进行比较，读取到更准确的信息便会觉得容易起来。

按照左边的检查表，依顺序观察各项目的状态、进行信息采集之后，要对其进行进一步的整理。如检查法所示，根据各要素可推测到的信息是复数的，但未必每次都能读取到所有的内容。另外，还有很多仅根据单一要素是很难断定的信息。要将来自多方面的大量信息以猜谜的方式进行组合，以此来进行准确性较高的品鉴。

最后，尝试给所品鉴的葡萄酒描绘出画像（是新酒还是熟成酒，是温暖产地的葡萄酒还是寒冷地区的葡萄酒等）。据此依序观察香气和味道，能够做到恰如其分地进行品鉴。

来尝试评论一番吧！

外观暗示葡萄的状态和产地

清澈的外观暗示该葡萄酒是纯净酿制，浓色调表示其可能是温暖产地、凝缩度高的葡萄、现代式酿造、新酒等。但是，由于带有石榴石色，所以给人的印象是并非刚刚上市。高黏性也能够令人联想到温暖产地和高凝缩度葡萄等。

———————

Poipille
2005

清澈度良好、黏性高。
很浓、泛黑的石榴石色。
酒色集中在杯子边缘。

推测年份和酿造方式

清澈亮泽的外观告诉我们该葡萄酒是纯净酿制，泛绿的淡色调表示其是年份较轻的新酒。与普通的桑塞尔（Sancerre）的形象相比，该酒酒圈较厚，黏性稍高，因此有可能是高凝缩度葡萄所酿制的。

———————

Sancerre "La Vigne Blanche" 2009
Henri Bourgeois

清澈度良好。有透明感、色泽明亮。
酒圈由中等至偏厚、
黏性由中等至偏高。色调稍淡、略微发绿
的黄色。

第二步

闻其香

解读香气

将嗅觉捕捉到的信息用日常存在的各种物质进行描述,这种香气观察需要依赖感性。如果能凭借丰富的想象力提炼出具体的描绘词汇,一定会从中有所发现。

要点　收集香气的要素

1 利用所收集到的碎片来探索葡萄酒的门道

葡萄酒中存在无数香气要素，其中有很多是用化学知识难以解释清楚的。作为香气的要素，原材料葡萄的生长环境、品种、变成葡萄酒的过程，甚至我们消费者饮酒的时间都会成为主要因素。当我们面对葡萄酒的时候，葡萄酒也在全力地向我们展示自己。其中，香气所占的比例较大。

当我们感受到葡萄酒香气的时候，如同人与人接触一样，第一印象给我们的冲击力是很大的。我觉得在最初获得一种朦胧的印象即可，或新鲜，或恬静的氛围，或男性般阳刚，或女性般的柔和。由此开始，会看得更深远。

从新鲜的印象中也许会看到柑橘系水果或刚采摘的草药的影子。另外，恬静的香气有时会使你联想到花香、香料、草药和蘑菇等的香味。男性般阳刚的香气是类似有点怪异的香料系和动物系的香气，令人联想到女性的香气则是甜香的香料和蜜以及花香等。试着将它们记录下来会更好些。

而且，当你发现各种各样的香气碎片之后，该葡萄酒的门第就会清晰起来。不过，葡萄酒的香气并非一开瓶倒入杯中后就立马释放出来。我们饮酒者必须要耐心地与它相处。有时你会碰到需要花上2～3天才释放出其本来香气的葡萄酒。

这些香气的碎片集中起来之后，我们能够利用它们推测这些香气来自何处。一般情况下，葡萄酒的香气大致分为3部分。来自于葡萄品种的第一层香气、微生物和酵素等所带来的（酒精发酵、丙乳酸发酵等）第二层香气以及桶内、瓶内熟成过程中形成的第三层香气。

不过，也并不是所有的香气都与上述3类别相符。例如，草莓香气有时存在于果汁中（第一层香气），如梅鹿辄酒等，利用二氧化碳浸泡法酿制其他红色系品种的葡萄时或在发酵初期也可能产生草莓香气（第二层香气）。

另外，作为典型的第一层香气的示例，可列举出用青椒来表现的生涩味。虽然生产地域也会造成若干差异，但一般情况下，人们认为它是赤霞珠和品丽珠等葡萄酒的香气。其源头是一种名为甲氧基吡嗪（methoxypyrazine）的物质，在葡萄进入成熟期之后，该物质的浓度自然会下降。但是，不能因此就认为这种香气会左右酒的品质。我们可根据它获知采摘年的气候条件（冷夏、日照不足）以及酿制者的意图。

2 对香气的感觉准或不准都是正常的。选择自己能够理解的词汇。

有意图地留下些许这种青涩的香气，可以使葡萄酒产生清凉感，这种可能性也是需要充分考量的选项之一。

但是，包括其他感觉在内，嗅觉也存在较大的个体差异，生活环境和成长环境也是产生很大影响的要素之一。因此，对香气的感受准或不准都是正常的。另外，在日本和欧洲存在很多香气强弱差异明显，而在我们的生活中所不熟悉的水果和蔬菜、香料和菌类等。相反，事实上也有我们能够理解的香气。例如，当我们读到有关酸橙香气的描述时，也许会有人产生违和感。但是，事实上，这种香气可以用我们餐桌上的酸橘来替换。另外，即使是前述的青椒香气，也许会有人不能一下子理解。我们身边的蔬菜经过不断的品种改良，与从前相比，香气在减弱。如果嗅觉不能分辨香气，作为原有的描述语言，可以用具有相似香气的灯笼椒、黄瓜、蚕豆的香气来替代。某种药草的香气和干草的香气可以用新的或用惯了的榻榻米的香气等替换，使香气的要素进一步增加。

但是，多人品鉴葡萄酒的时候，品评描述表达方面的同感是非常重要的，有时需要进行某种程度的调整，这是我们需要注意的地方之一。绝不可以进行断言或强加于人。在对香气有了普遍的认识、同感的基础上，进一步增加香气要素或描述词汇。

而且，人对香气的接受能力会因时间、样品数、次数等而逐渐变得迟钝。对某种香气适应以后，几乎不能以最初所感受到同样的强度去感受香气。

葡萄酒的香气无论好坏都是依次发生变化的。若要锻炼每次变化时都能捕捉到香气信号所需要的爆发力，建议大家增加品鉴的次数、训练对香气的感受力、将香气与图像结合起来。

让我去野外寻找当季的草花、水果、蔬菜、香气的要素吧!

AROMA WHEEL

对葡萄酒香气要素进行整理的日本香气轮盘,将从白、红葡萄酒分别感受到的香气要素按体系进行整理并记在心中。该香气轮盘以UC Davis版为基础,用人们熟悉的香气进行替换的中文版。恰如其分地灵活运用语言来表现微妙的差异。

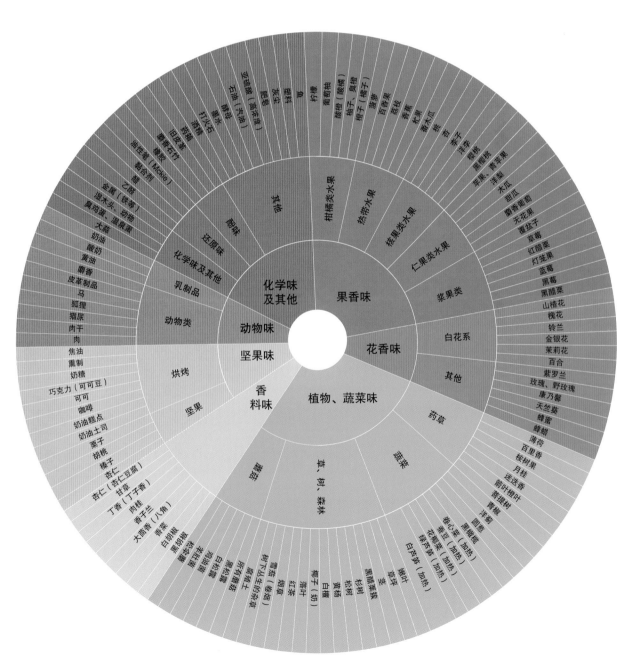

WHITE
Wine

白葡萄酒
的香气
一

白葡萄酒是用果汁单独低温发酵所酿制出来的。因此，非常明显，香气比红葡萄酒更细腻。我们将注意力集中在嗅觉上去感受香气，按体系分类进行整理。

=葡萄柚

在具有酸橙和柠檬的紧致酸味（苹果酸）的同时，该香气给人的印象是融合了纯粹的果实味。始终是一种爽快的形象，这一点大多会从卢瓦尔河谷和新西兰等冷凉产地的长相思感受得到。与黄色果皮的葡萄柚相比，粉色果皮的微妙之处是略微柔和、更成熟。

=酸橙

在柑橘类水果中，酸橙的酸味最紧致、最纯正。与那些能使人联想到果实甘甜的香气相比，酸橙的酸（苹果酸）给人以较强的泼辣感和畅快感，常用酸橙香气来描述那些口感新鲜脆爽的酸味。例如，卢瓦尔河谷的密斯卡岱等冷凉产地的葡萄品种所酿制的酸味较多的年轻葡萄酒。

=苹果

虽有新鲜感，但酸没有柑橘类水果那么强烈，是一种给人柔和之感的香气。冷凉产地的霞多丽和灰皮诺等的酸感觉不到特别突出，用于描述中庸、比较沉稳的香气。果实按照青苹果、红苹果、黄苹果的顺序慢慢成熟。希望大家能依据生苹果、蜜饯苹果、果酱等凝缩度来区别使用。

第一层香气 — 果实类

来自于品种的香气，能够反映品种个性。
我们首先要将目标对准果实，以此来找寻香气。

对有关香气的具体描述进行分类是非常重要的

我们观察23页香气轮盘内所列举的120种香气可知，如果将嗅觉所捕捉到的香气变换成语言描述，可以罗列出多种多样的单词。但是，此时，很难说我们就准确地捕捉到了葡萄酒所发出的信息。在对香气的观察过程中，作为列举出单词之后的第二阶段，需要对每种香气进行整理分类的工作。

香气的要素大概可分为：葡萄和风土条件等"自然形成的先天性香气"和酿造工序和熟成等所新产生的"后天性香气"两大类。前者是品种和产地，后者是酿造和熟成程度。因此，首先判断该香气属于哪一类。还需要对具体的香气的强弱、复杂性进行观察。可以从这些当中读取葡萄酒的产地、品质。

一般情况下，人们将葡萄本来的香气称作第一层香气，但是，为了方便起见，我们将风土条件所带来的香气也作为先天性香气之一来进行探讨。

从"自然由来的先天性香气"所看到的

在嗅闻香气的那一瞬间，有时在我们的脑海中会很直观地浮现出葡萄品种的名称，例如，

=柠檬

用来描述冷凉产地，含苹果酸较多，给人以爽快印象的香气。人们往往会将其与酸橙等同视之，我们可以尝试通过实物进行香气比较来感受它们的差异。有时人们将纯正的酸与果实的凝缩感和谐共存的雷司令描述为"蜂蜜腌柠檬"，而味稍苦时，则表述为"柠檬皮"。

=杧果

热带水果之一，与菠萝相同，令人联想到温暖产地的完全成熟（或过熟）的果实所具有的甘甜香气。比菠萝黏稠、细腻，带有淡淡的涩味。例如，加利福尼亚、澳大利亚等温暖产地的干型赛美蓉葡萄酒。

=杏

酸味溶入到具有凝缩感的果味中，该香气给人以柔和悠扬的印象。多见于维欧尼(Viognier)、温暖产地的白诗南和麝香(Muscat)等芳香品种的葡萄苏玳、托卡伊阿苏(TOKAJI ASZU)、晚收(VendangesTardives)的灰皮诺所酿制的甜型葡萄酒则有蜜饯果品般的香气。

=桃

白桃性状柔和，其香气会令人联想到具有黏稠感的细腻甘甜，甜中略有酸味。与洋梨相同，香气细腻均衡，多用于描述凝缩的恰到好处、香气不过于强烈的品种。例如，意大利东北部的霞多丽和灰皮诺等品种的葡萄。黄桃则用来描述日照量较多的产地的葡萄。

=木瓜

虽然含酸较多，但感觉并不明显，具有与苹果相似的柔和性，该香气的芳香性强于苹果，给人以奢华的印象。也具有同样的特点。大多以木瓜酒、木瓜汁、蜂蜜木瓜等形式食用，香气方面也以同样的形式表述。芳香的白诗南(Chenin Blanc)葡萄品种的个性属于此香气。

=荔枝

虽归类于热带水果，但具有东方情调的独特香气充分体现琼瑶浆的品种个性。从干型到晚收葡萄所酿制的甜型、贵腐的甜型等，香气的强弱和凝缩感也会因葡萄酒类型的不同而发生变化，因此，要区分生水果、蜜饯果品等所存在的微妙差异。

=菠萝

归类于热带水果，在较强的日照下完全成熟的（有时有过熟倾向）葡萄的香气。该香气本身较浓，用于描述加利福尼亚、澳大利亚等温暖产地所栽种的霞多丽等所酿制的香气浓厚、酒体醇厚的葡萄酒。有时也用来描述休闲酒的那种蜜饯般的香气。

=洋梨

如果说木瓜是石质的、较硬形象，那么洋梨则更成熟、具有黏稠感。香气给人的印象是，酸味静静地溶入到令人感觉到果实凝缩的甘甜当中。香气细腻均衡、没有某个香气有突出之感，因此该香气多用于描述具有适度成熟感的霞多丽和灰皮诺等香气平稳的品种。

"哎呀，这种荔枝香是琼瑶浆"。第一层香气确确实实是葡萄品种固有的香气，其特征和强弱因品种而异。一般情况下，琼瑶浆和雷司令等被称作香气较高的芳香品种，它们是第一层香气较强的品种。为了突出葡萄固有的香气，大多会极力避免氧化的影响，进行纯净酿制，这样容易体现品种个性。

在先天性香气当中也存在各种各样的类型，我们先看一下水果的香气。如果对其进行粗略的概括，可分为①柑橘类、②苹果、③梨、④桃、⑤热带水果5种类型，我们要确认所嗅得的香气属于哪个类型，如果习惯了这种操作，就会形成自己的指标，该指标会成为判定品种和产地的标准。例如，一般情况下，根据①柑橘类可推测出"冷凉产地的含酸较多的葡萄酒"，随着②③④向后进展，印象会逐渐向"温暖产地的果实味较多的葡萄酒"的印象演化。进而，即便在柑橘类当中，我们也要辨识柠檬、酸橙、葡萄柚等各种香气的差异，确认目标葡萄酒的香气接近于何种水果的香气。

第一层香气
＝ 其他

花和药草等植物、矿物、香料等也是葡萄和风土条件所带来的先天性香气。

＝蜂蜡

是蓄积蜂蜜的蜂蜡巢的成分，蜂蜜的香与蜡相融，给人留下烟熏味的印象。有股贵腐葡萄所含的灰葡萄孢菌所带来的药味。温暖产地的长相思、灰皮诺的甜型葡萄酒等也有这种香气。

＝麝香

是一种充满异国情调的甜香。完全成熟和具有复杂味道的芳香型品种的葡萄具有该种香气。例如，波尔多产的长相思（桶熟成）和孔得里约（Condrieu）等的上等维欧尼为该种香气。不过，熟成有时也会带来该种香气。

＝白胡椒

香料的香气整体上给人以温暖、干燥的风土所出产的葡萄的形象。白胡椒香气往往出现在法国南部的白歌海娜和瑚珊（Roussanne）、西班牙和意大利南部的地产品种的素朴、充满野性味道的葡萄品种。

＝鲜花

冷凉产地的霞多丽是白花，温暖产地的维欧尼为黄花等，白花清秀素雅，而黄花给人以华丽的印象。香气会因花色而异。另外，只有白花的香气而其他果香较少的葡萄酒，该香气有时来自于低温发酵（第二层香气）。

＝鲜药草

鲜药草普遍给人一种清新畅爽的印象，冷凉产地的充满新鲜感的葡萄大多有这种香气。长相思的品种个性之一，但香气会有变化，例如，冷凉产地的长相思为草苘香的香气、温暖产地的长相思则像雪维菜一样含有少许的甜味。

＝打火石

就好像击打石头会冒烟似的，为矿物性的烟熏味。是一种来自于风土条件的香气，石灰质土壤所产的葡萄酿制的葡萄酒会有该种香气。尤其是夏布利、卢瓦尔河谷上游地区、德国的弗兰肯（Franken）等石灰石和黏土混合组成的白垩土（Kimmeridgian）所产的葡萄酿制的葡萄酒。

＝杏仁豆腐

苹果酸乳酸发酵（MLF）所酿制葡萄酒会产生杏核的香气。为了缓解强烈的酸味、增加酒质香气的复杂度，同时也为了稳定微生物，冷凉产地的勃艮第所产的白葡萄酒大多会采用这种酿制方式。

＝蜂蜜

具有浓缩的感觉，带有融合了矿物质的柔和口感，给人非常华丽的感觉。会出现在雷司令、白诗南等甜味品种完全成熟的时候。而槐花蜜、橙花蜜等的香气也不相同。

＝干药草

这种香气能使人联想到温暖、干燥的风土。在法国南部，人们将百日香和迷迭香群生的石灰质土壤地带称作加里格（Garrigues），倒也确实是这种形象。长相思等法国南部的白葡萄酒以及意大利的当地品种的葡萄所酿制的葡萄酒等为该种香气。

第二层香气
＝ 发酵类

酿造所带来的香气。由于附加香气会因酿制技法而异，所以可以以此来判别酿造方式。

＝酸奶

与杏仁豆腐相同，在进行MLF时会产生该香气。霞多丽等品种大多会采用这种发酵方式，但是，在温暖产地，为了追求上品，强行回避MLF，因此，有时会留下新鲜的苹果酸。

=烤坚果

该芬芳的香气表示为桶熟成。桶内侧的烘焙程度会对烘烤味的多少产生影响。新酒因第一层香气与来自桶的香气尚未融合，所以各个香气较明显，但是，熟成会使它们进行融合，桶香也会变得平稳。

=蘑菇

长期的瓶中熟成产生的香气。生蘑菇香气往往出现在霞多丽的陈酒中。例如，经过数十年熟成的科通查理曼（Corton-Charlemagne）之类的勃艮第精酿白葡萄酒。该香气有一股湿土气。

=甘草

自生在地中海等地区的豆科植物，其根经过干燥而成。味甘苦，波尔多的精酿白葡萄酒、桶熟成的温暖产地的长相思等在熟成时易形成的香气。

第三层香气 = 熟成类

被称作酒香（Bouquet），是来自于熟成的香气。来自桶熟成的香气是判断酿造方式的依据，来自瓶中熟成的香气是判断年份的依据。

=香子兰

新桶熟成葡萄酒时所产生的香气。新桶的桶材含有较多的香兰素（Vanillin），但第二年以后，旧桶的香兰素含量会将至新桶的一半。因此，该香气表示在桶熟成过程中，含有新桶的可能性较大。

=白檀

是一种具有东方情调的甜与木的清凉感、烟熏味相融的香气，多用作线香。往往出现在波尔多的精酿白葡萄酒。温暖产地的长相思的香气与新桶的香气融合在一起，充满异国情调。

=桂皮

干燥的甜系香料气味。来自于温暖产地的完全成熟的葡萄香气与来自于木桶（旧桶）熟成的香气相融而生。匈牙利的托卡伊阿苏、意大利的圣酒（Vin Santo）等甜型葡萄酒多有此香气。

=甜瓜

10～15℃以下的低温发酵所出现的香气。糖果、白花（很少有其他的果香时）也是同类型香气。多用于描述密斯卡岱、甲州等第一层香气较少的品种，香气奢华。与日本酒中的果味芳香相似。

=酵母

与酒精发酵后产生的沉淀物接触后而出现的香气。密斯卡岱、甲州等所采用的酒泥陈酿法（sur lie）和香槟等瓶内二次发酵的起泡酒（Sparkling Wine）由于与沉淀的接触时间长，所以能够散发出来自沉淀的酵母香气。

另外，要注意这些水果的香气处于①新鲜、②糖渍水果、③果酱、④干果中的何种状态，可以以此来了解凝缩程度。这也是区分产地（冷凉产地或温暖产地）的要素之一。

最初，我们利用果香在某种程度上构建了大框架之后，接着去捕捉植物、香料、矿物等其他的香气。如果是特定的风土条件所培育的葡萄，能够出现可推测其土壤的香气。

人为熟成所得到的后天性香气

霞多丽和密斯卡岱等是来自于品种本身的第一层香气较少的品种，我们容易感受到相应的后天性香气。相反，如果是琼瑶浆等芳香型品种，我们需要留意捕捉与第一层香气等先天性香气相融在一起的后天性香气。

被称作第二层香气的来自于酿造的香气是采用特定的酿造方法所得到的香气。因此，我们可以从香气上判断酿制方法，引导出采用该方法较多的葡萄品种。例如，对品种本身的陈年潜力较弱的密斯卡岱，进行附加奢华香气的低温发酵，使酒体味道复杂而一般会采纳酒泥陈酿法。因此，我们能够从很多此类的葡萄酒中感受到来自于低温发酵的甜瓜香气和果味芳香以及来自酒泥陈酿法的酵母香。

第三层香气是木桶熟成或瓶中熟成所带来的香气。当我们捕捉到来自瓶中熟成的香气时，应该能够确认其为经过某种程度熟成的葡萄酒。

RED
Wine

红葡萄酒
的香气

以稍高的温度将果皮和葡萄籽同时发酵的红葡萄酒不仅有量感，还散发出复杂多样的香气。与白葡萄酒相同，我们要利用挑选甄别的词汇来探寻多方面的信息。

=草莓

在令人感觉清爽果香味的红色系果实当中，草莓香气的甜略胜于酸。生鲜的草莓作为表现佳美品种个性的香气是非常有名的，但是，在美国和澳大利亚等温暖产地的黑皮诺身上也可以感受到。另一方面，草莓果酱可用作表现歌海娜和仙粉黛（Zinfandel）的品种个性。

=覆盆子

法语为"Framboise"。水灵娇嫩的甜酸均衡的甜酸味，是表现黑皮诺品种个性的香气，包括勃艮第在内，阿尔萨斯、新西兰等冷凉产地的葡萄所具有的特点。根据品质和年份，具有凝缩感的葡萄被描述为"覆盆子蜜饯"。

=红醋栗

又称红加仑、红茶藨子。香气比覆盆子更清新，与甜相比，酸稍占上风。卢瓦尔河谷、瑞士等冷凉产地的给人以清新感的即饮型黑皮诺，或采收量相对较多的，或天公不作美导致未熟的黑皮诺所酿制的葡萄酒会有这种香气。西印度樱桃（Acerola）也有此类香气。

=蓝莓

法语为"Myrtille"。在给人以强烈凝缩果实印象的黑色系果实中，酸味较强，同时伴有淡淡的涩味和清凉感。实际品尝后，你会发现芯部较酸。冷凉产地或未成熟的赤霞珠所酿制的葡萄酒为生蓝莓香气，有凝缩感，为糖渍水果和果酱等的香气。使用黑皮诺酿制时，有时也会有这种香气。

首先弄清是红色系还是黑色系

即使是红葡萄酒，作为来自葡萄和风土条件等先天性要素的香气，我们首先要注意的是水果香。白葡萄酒主要以绿色和黄色的葡萄为中心，与此相对，用来酿制红葡萄酒的葡萄以红色、黑色果实为主体。如果以粗略的形象来捕捉，红色系果实令人联想起黑皮诺和佳美等圆润、迷人的品种和冷凉产地，而黑色系的果实则会使人浮想起赤霞珠、西拉、梅鹿辄等具有凝缩感、力量感的品种和温暖产地。进而，如果说起与品种固有的香气直接相关的果实，我们可列举出草莓（佳美）、覆盆子（黑皮诺）、黑醋栗（赤霞珠）等，但它们始终是一种普遍形象。由于其他要素如产地、品质、采摘年、酿制方法等都会带来变化，未必一定具有这些香气。希望大家能够始终将它们作为一种参考就足矣。

即便是概括为红色系果实和黑色系果实，其中依然存在各种各样的果实，各个香气有微妙的差异。例如，针对红色系果实，我们频繁使用红醋栗、覆盆子和草莓等来描述，但一般情况

=黑樱桃

该香气的浓郁度会令人联想到温暖产地，较强的甜味中还融有适度的酸味，香气均衡，具有层次感，智利等温暖产地的黑皮诺葡萄酒，黑樱桃的香气倾向要强于悬钩子。另外，罗纳河谷的西拉、意大利的巴贝拉(Barbera)和桑娇维塞(Sangiovese)等果味与酸味共存的品种所酿制的葡萄酒中也会出现该香气。

=黑莓

浓郁感比较接近黑樱桃，但会令人感觉甜味会强于酸味。温暖产地的完全成熟的葡萄所酿制的酒具有这种香气。例如，梅鹿辄和仙粉黛、澳大利亚等新世界的西拉子、意大利的蒙特布查诺(Montepulciano)等葡萄酒较易出现这种香气。

=黑醋栗

在具有温暖产地所培育的果实的浓郁感的同时还具有淡淡的涩味和苦味。实际上，我们多将其做成利口酒或作为干果来食用，其香气也多用于描述这种状态。包括波尔多所产的葡萄酒在内，赤霞珠的精酿葡萄酒被描述为黑醋栗酒(Crème de Cassis)香气。

=干无花果

法语为"Framboise"。水灵娇嫩的甜酸均衡的甜酸味，是表现黑皮诺品种个性的香气，包括勃艮第在内，阿尔萨斯、新西兰等冷凉产地的葡萄的特点。根据品质和年份，具有凝缩感的葡萄被描述为"覆盆子蜜饯"。

=干李子

该香气会使人联想起温暖产地的完全成熟的葡萄，比干无花果更具有凝缩感，含涩味和铁成分较多的浓郁感。例如，教皇新堡(Chateauneuf du Pape)等南美的混酿葡萄酒、温暖产地的梅鹿辄和黑珍珠(Nero d'Avola)等。试图突出湿润感的时候，人们也会将干李子做成糖渍李子。

=嗅取香气时为何要转杯?

葡萄酒的香气会随着时间的推移时时刻刻发生变化。在品鉴香气的时候，最初所嗅闻到的香气过一会儿后会感觉有所不同，我们有时候会对其中某种香气而感到迷惑，所以要将两者都作为葡萄酒所释放的信息加以掌握。

首先凭第一印象来抓住纯粹的果香。其后，转杯2、3次使之与空气发生接触，之后所隐藏的更多的香气要素就会浮现出来。

另外，在刚刚拔出瓶塞后酒中依然含有强烈的还原味时，通过转杯能够促进氧化，葡萄酒原有的香气会释放出来。

第一层香气 = 果实类

红色系果实圆润、令人陶醉，黑色系果实更具有浓缩感。

下，颗粒越小，酸味越强，颗粒大、凝缩感增强。另外，以香蕉、草莓糖果的香气等为例，这种香气常出现在采用半二氧化碳浸皮法所酿制的葡萄酒中。

第三层香气是来自于熟成的香气，有木桶熟成所带来的香气和装瓶后瓶中熟成所带来的香气。来自于木桶熟成的香气，在红葡萄酒中与浓缩的果实的香气融合在一起，形成巧克力般醇厚的香气，这种特征尤其在新酿葡萄酒中表现更为明显。因此，通过对桶香的产生方式的掌握，不仅能知晓酿造方法，还能在某种程度上了解葡萄酒的熟成程度。

另外，熟成的葡萄酒的香气还具有明显的鞣皮等动物性的气味及整体上给人以干燥的印象，第一层香气（尤其是果香）会减少。来自于瓶中熟成的第三层香气因品种和品质的不同，产生的香气也会有些许不同，所以，在有利于判断熟成程度的同时，也有助于对品种和品质进行判断。

第一层香气
=其他

植物、香料、矿物香是红葡萄酒先天性香气的名称，同时熟成所带来的第三层香气也可能有这些香气。

=鲜药草
薄荷香是温暖产地的赤霞珠所易出现的香气。在酷热的产地，尽管糖度会急剧上升，但利用未成熟的葡萄所酿制的葡萄酒会产生单宁。另外，迷迭香般的香气是高采收量、未成熟葡萄所酿的葡萄酒所带来的未熟感给人留下的印象。

=黑胡椒
香料的香气整体上令人联想到温暖、干燥的产地。黑胡椒香气往往出现充满野性味道的法国南部、意大利、西班牙的产地品种。歌海娜、西拉、仙粉黛的品种通常会有这种香气。

=鲜花
鲜花常被用于描述葡萄酒的植物性色调，但花的种类不同，其香气也不相同。紫罗兰的香气多用于描述冷凉产地的黑皮诺、西拉、品丽珠、纳比奥罗（Nebbiolo）等酒质细腻的葡萄酒。

=青椒等绿色蔬菜
是能充分表现赤霞珠品种个性的香气，尤其是法国（卢瓦尔河谷、波尔多）产葡萄品种所常见的香气。另外，也是一种具有未熟感的香气，冷凉产地使用未成熟的葡萄所酿制的葡萄酒或高采收量葡萄所酿的葡萄酒也有这种香气。

=干药草
除了炎热、干燥的产地，大桶熟成等传统酿制方式或瓶中熟成所酿制的葡萄酒也会出现这种香气。法国南部的慕合怀特、佳丽酿（Carignan）、西班牙的蒙纳斯翠尔（Monastrell）、南意大利的佳琉璞（Gaglioppo）等温暖产地的地产品种采用传统酿制方式所酿制的葡萄酒易出现这种香气。

=丁香
又称丁子香，是一种中药般甘苦味，具有东方情调的香气。干燥的温暖产地、大桶熟成等传统酿制方式、瓶中熟成所酿的葡萄酒会产生这种香气。例如，法国南部的歌海娜和混酿葡萄酒、大桶熟成期长的意大利和西班牙的葡萄酒等具有这种香气。

=干花
干燥的温暖产地、大桶熟成的葡萄酒或这些葡萄酒采用瓶中熟成时所出现的香气，也可用于表述第三层香气。例如，歌海娜、慕合怀特、丹魄、桑娇维塞等品种采用传统方式所酿造的葡萄酒。

=杉
是一种具有清凉感的木质香气，也是赤霞珠的品种个性之一。尤其是波尔多的精酿葡萄酒会使你感受到很多这种香气，会给黑醋栗酒（Crème de cassis）和巧克力等的浓厚香气增添清新的色彩，给人留下优雅的印象。

=甘草
佳美、贝利A麝香（Muscat Bailey A）葡萄的果香的背后还存在这种香气。另外，法国南部、意大利、西班牙等干燥温暖、素朴的产地所酿的葡萄酒以及瓶中熟成的适饮期的宝石红波特酒（ruby-port）和赤霞珠也有这种香气。

未能被归类于第一至第三层的香气所表达的信息

在后天性香气当中，还有一种香气并未归类于来自于发酵的第二层香气和来自于熟成的第三层香气。这就是被称作所谓"Off-Flavor（异味）"的异常香气，如果感觉到这类香气，则可判断为有缺陷的葡萄酒。

一般情况下，健全度高的葡萄酒通过各种香气要素的融合，会释放出令人心旷神怡的香气，但哪怕存在一个异味（Off-Flavor），都会使酒的整体香气令人感到不快。这些香气与葡萄酒的类型（红、白葡萄酒等）和品种等因素无关，是以一种固有的难闻气味的形式为人所感知，因此，为了看清酒的健全度，要观察有无异味（Off-

COLUMN

味觉大典
酒鼻子

=黑橄榄
　　该香气是西拉、佳美、桑娇维塞、纳比奥罗等品种的个性之一。其中，果香不甚强烈的北部罗纳河谷所产的西拉多有此种香气，与铁香融合在一起的香气令人感觉宛如打开黑橄榄罐头。

=铁
　　该香气是西拉、慕合怀特、桑娇维塞、纳比奥罗等品种的个性之一。另外，含铁成分较多的土壤所产的葡萄也有铁味。例如，热夫雷·香贝丹（Gevrey-Chambertin）村的黑皮诺等。

=墨水
　　赤霞珠尤其是波尔多产的葡萄往往具有该香气。另外，巴罗洛（Barolo）等陈年型纳比奥罗葡萄酒，刚刚开瓶后的果香如果依然处于封闭状态，作为还原味，我们也能够感受到这种墨水香气。

　　若要使自己能够娴熟使用大量的香气描述用语，需要对这些香气有准确的认识。为了了解和认识各种香气，最佳办法是把握实物的香气，但是，有这些香气的实物并非都在自己的身边。这时，酒鼻子（Le Nez du Vin）可为您提供强有力的帮助。酒鼻子是嗅辨葡萄酒复杂香气的标本，包括装有作为品鉴用语而频繁使用的香气样本的香精瓶和记载各种香气特征的卡片，该工具的发明人是法国著名葡萄酒评鉴家让·勒诺瓦（Jean Lenoir）。

　　酒鼻子囊括按照同系香气进行分类的54种香气样本。例如，在烟香味分类中，烤杏仁和烤榛子的香味差异是很微妙的，酒鼻子对这种微妙差异的确认也是很方便的。也能够用于对欧洲醋栗、紫罗兰花（欧洲的西洋紫罗兰与日本的紫罗兰有所不同）等平时不熟悉的香味的确认。

　　此外，酒鼻子还收录了异常香气，如果通过香气样本认识了软木塞味（Bouchonne）等异味，在实际的品酒过程中出现时就能够立即分辨出来。

54种香气一览

1_柠檬	19_杏	37_黑醋栗簇
2_葡萄柚	20_桃	38_干草
3_橙子	21_杏仁(坚果)	39_百里香
4_菠萝	22_西梅	40_香草
5_香蕉	23_核桃	41_肉桂
6_荔枝	24_山楂花	42_丁香
7_甜瓜	25_洋槐花	43_胡椒
8_麝香葡萄	26_椴花	44_藏红花
9_苹果	27_蜂蜜	45_皮革
10_梨	28_玫瑰	46_麝香
11_椴椽	29_紫罗兰	47_奶油
12_草莓	30_青椒	48_烤面包
13_悬钩子	31_蘑菇	49_烤杏仁
14_红醋栗	32_松露	50_烤榛子
15_黑醋栗	33_酵母	51_焦糖
16_蓝莓	34_雪松	52_咖啡
17_黑莓	35_松木	53_黑巧克力
18_樱桃	36_甘草	54_烟草

=生肉
　　生肉含有血和铁成分，给人以新鲜感，而且具有动物般的野性形象。该香气是西拉的品种个性之一，北部罗纳河谷所产的葡萄尤为明显。不过，澳大利亚的西拉子（Shiraz）等温暖产地所产的葡萄，由于浓厚的果香占支配地位，所以该香气较淡。

Flavor），感觉到不快时，要查找其原因所在。

　　导致葡萄酒出现缺陷的时期有酿制阶段、装瓶阶段、保存阶段等。在酿制阶段发生"异味（Off-Flavor）"的典型事例是葡萄酒被酒香酵母污染后所出现的气味，用马厩味、湿小狗味、湿纸盒箱味等来表述。在过去，这种异味常见于用传统酿制方式所酿造的葡萄酒，事实上，即便是今天，也有部分生产者对此持肯定的态度，认为酒香酵母味儿给葡萄酒的香气增加了复杂性。但是，在以纯净葡萄酒为主流的现在，一般情况下，将其视作是不健全的葡萄酒的香气。

　　同样，酵母在发酵过程中的活动等若干因素会导致硫化氢的产生，从而出现硫黄味或在醋酸菌的影响下，有时也会产生醋酸味。

第二层香气
= 发酵类

如果掌握来自于发酵的香气，就能够自然而然地推导出经常采用该技法的葡萄品种。

=香子兰

是一种来自于新桶所含的香兰素的香气。尽管桶材也有各种各样的产地，但与法国橡木桶相比，利用含香味成分较多的美国橡木桶熟成的葡萄酒会有一股感觉更甘甜的炼乳般的香气。

=鞣皮

瓶中熟成所带来的动物性干燥的香气。随着瓶中熟成的进展，来自品种的果香会逐渐减少，而熟成香会占据支配地位。因此，很难进行品种的判定。鞣皮的香气是无论任何品种都极易出现的熟成香。

=落叶

长期瓶中熟成所带来的香气。令人联想起在干燥的温暖地带，利用大桶熟成等传统方式所酿造的瓶中熟成的葡萄酒。西班牙的丹魄特级陈酿等给人以素朴的印象，一些过了适饮期峰值的葡萄酒也有这种香气。

=香蕉

采用二氧化碳浸泡法时所出现的香气。博若莱新酒、诺韦洛(Novello)等新酒的葡萄酒尤为明显。新酒以外，也有生产者会采用这种酿制技法，这种场合也会有若干来自MC法的香气。

=巧克力

是一种凝缩的果香与来自酒桶的熏烤烘焙香相融合的香气。没有过度氧化的倾向，采用包含新桶在内的小桶熟成这一现代酿制方式所酿造的高品质葡萄酒会有此种香气。最好根据状态，有区别地使用牛奶、巧克力饮料等来进行描述。

=松露

瓶中熟成所带来的具有独特性感的香气。唯有高品质精酿葡萄酒才有这种香气，是一种很强烈的熟成香。含矿物较多的土壤所栽培的梅鹿辄、赤霞珠、西拉、纳比奥罗等品种的葡萄熟成时所释放的香气。

=红茶

瓶中熟成所带来性感的香气。长期熟成的恰逢适饮期的勃艮第特级陈酿黑皮诺和上等的巴罗洛(Barolo)等葡萄酒具有这种香气。该香气在众多的熟成香中的形象是高雅、高贵。

第三层香气
= 熟成类

葡萄酒的品质和葡萄品种等会对熟成香（陈酿香）产生微妙的影响。

=咖啡豆

是一种凝缩的果香与来自酒桶的熏烤烘焙香相融合的香气。通过该香气，我们能够管窥出该葡萄酒采用的是纯净、现代的酿制方式。但是，来自于酒桶的烘焙香略胜于甜度，具有厚重的野性感。对此种香气的描述有煎咖啡豆、浓缩咖啡(Espresso)等。

=腐叶土

瓶中熟成所带来的香气。虽未进展至松露香的程度，但依然出现在经过一定熟成的高品质葡萄酒上。除了赤霞珠、梅鹿辄、西拉等酒体饱满的葡萄酒，上等的黑皮诺在熟成时也会有这种香气。

=雪茄烟

给红茶叶增添烟熏味，增加香气的复杂性。上等的葡萄酒经过长期熟成后，在迎来适饮期的时候会释放出这种香气。例如，波尔多的精酿赤霞珠和梅鹿辄、列级酒庄(GRAND CRU)的黑皮诺等。

还要有捕捉异味（Off-Flavor）的能力

我们知道在装瓶阶段所发生的异味（Off-Flavor）是软木塞污染所产生软木塞味。针对霉锈味和海腥味等气味，人们的感知方式和表达方式是各不相同的，但由于它们是那种一旦记住了便不会忘记的独特气味，因此，当碰到有软木塞味的葡萄酒时，可以以自己的方式将其记在心中。

在保存阶段所发生的异味（Off-Flavor）是氧化或热老化等因素所造成的，有的葡萄酒有时是故意使其氧化（黄葡萄酒、雪莉等）或接触光和热等，因此，在弄清葡萄酒健全度的时候，还要考虑有无其他的要素存在。

应该掌握的其他香气表

此处所列举的是频繁出现却在前面所未完全登载的香气描述用语。我们再一次确认一下那些曾经听过的香气起因何在吧！

第一层香气	水果系	百香果	原产于南美的热带水果。完全成熟的果实的甘甜香气与酸味及淡淡苦涩相融在一起，给人以充满力量的泼辣印象。以温暖产地的品种和长相思为首，果味和酸味的冲击感均为强烈的具有凝缩感的白葡萄酒会释放出此香气。实际食用该水果时，你也会感到较浓的具有层次感的酸甜
		麝香葡萄	麝香葡萄本身的香气。一般情况下，用于酿制葡萄酒的葡萄的香气会因酿制方式的不同而发生变化，但是，芳香性较强的麝香葡萄即便制成葡萄酒也不会失去葡萄本来的如蜜般细腻甘香的香气。作为麝香葡萄的品种个性自不待言，温暖产地的具有凝缩感的芳香白葡萄酒大多会释放此种香气
		欧洲醋栗	淡绿色、较酸的多子果实。该水果在国内并不为人们所熟悉，但在欧洲大多做果酱来食用。与黑醋栗相同，是长相思的品种个性之一，在翠绿的舒爽感中略有淡淡的甜和苦味。新西兰的长相思表现得尤为明显
	其他	绿芦笋	在形象上给人以翠绿的蔬菜的感觉，令人联想起冷凉产地或新酿的新鲜葡萄酒。在白葡萄酒方面，用该香气表达冷凉产地的长相思所特有的泛青的印象，红葡萄酒方面，则用它来表达希侬（Chinon）和索米尔尚比尼（Saumur Champigny）等卢瓦尔河谷中游地带的品丽珠给人的那种绿色蔬菜的印象
		黑醋栗	尽管是日本人所不熟悉的香气，却是长相思的品种个性之一。黑醋栗在刚刚抽芽时所释放出的香气，具有凝缩感的酸甜中混有淡淡的苦味，这一点与葡萄柚和百香果是共通的。它们的根源是长相思发酵后所产生的硫醇化合物
		茴芹	又称八角，该香料在中国料理中常被用作调味料。是一种甜香通鼻、具有清凉感充满个性的香气，法国南部、意大利、西班牙等干燥、温暖地域的地产品种以及它们进行瓶中熟成时出现的香气。意大利的纳比奥罗和罗纳河谷的玛珊（Marsanne）等红、白葡萄酒均会释放的香气。属于第三层香气
		猫尿	如同其名，即为猫尿味香气，卢瓦尔河谷等冷凉产地的长相思常常有这种如青草般的猫尿香气。它来自于未成熟的长相思葡萄所极易产生的名为甲氧基哌嗪（methoxypyrazine）的物质，温暖产地和完全成熟的葡萄所酿制的葡萄酒很少有这种香气
		石油溶剂油	将石油蒸馏后所制造的挥发性溶剂，与所谓的石油香同类，是一种刺鼻的挥发性化学物质般的香气，也被称作是丘比娃娃香气。人们认为该香气是雷司令的品种个性之一，但风土条件不同，产生的方式也略有不同。感觉明显的是德国摩泽尔产的葡萄酒
第二层、第三层香气		奶油糕点	小麦、焦煳的黄油、奶粉、酵母等的香气融合而成的芳香馥郁的香气。与第二层香气中所列举的单独的酵母香相比，该香气给人的印象是柔和、馥郁和复杂性。香槟和弗朗齐亚柯达起泡酒（Franciacorta）等与沉渣接触时间长（或瓶中熟成期间长）的白葡萄占比较大的起泡葡萄酒（Sparkling Wine）释放此香气
第三层香气		树下杂草	洇湿的落叶与土混合在一起散发的湿闷香气。赤霞珠和梅鹿辄等精酿葡萄酒经过一段时间后融入了桶香时开始释放的香气，特别是波尔多产的葡萄尤为显著。黏土性质的土壤栽培的葡萄所熟成的高品质黑皮诺也会有这种香气
		椰奶	泰国和菲律宾等东南亚料理中所频繁使用，由叶子内部纤维上的胚乳所制作的椰子汁。这种具有东方情调的醇厚甜香常出现在芳香成分较强的美国橡木桶所熟成的红葡萄酒。西班牙的传统葡萄酒大多为美国橡木桶熟成。美国的仙粉黛也常有这种香气

CHECK LIST
香气检查法

下面罗列出利用香气应该考察的项目和具体的评述方法，并对其所表示的内容进行了汇总。我们要将所捕捉到的香气进行分类，弄清各种香气的出处。

1. 强弱
→产地

2. 复杂性
→品质

3. 第一层香气
→品质、产地

4. 第二层香气
→酿制、品种

5. 第三层香气
→熟成、品种

在香气方面有特点的葡萄品种

长相思=欧洲醋栗、黑醋栗
雷司令=石油溶剂油
琼瑶浆=荔枝、玫瑰
佳美=草莓
黑皮诺=悬钩子
赤霞珠=黑醋栗酒、墨水
西拉=生肉、铁、黑胡椒
品丽珠=青椒、灯笼椒

为了能够准确捕捉香气并置换成语言进行评述，实际上需要对用语所描述的香气进行确认。你所了解的香气的多寡，会决定品鉴时的精确度。为了能够更细致地捕捉到葡萄酒的香气，希望大家能够增加词汇量。不仅是品鉴时，在去超市的时候也要尝试去了解果实的香气，春天的嫩叶、秋天的落叶的香气等，要培养自己留意遍布在日常生活中的各种香气的习惯。

另外，在香气的品鉴方面，在自己的心中有一个品种类别的指标也是非常重要的。在数量上进行积累的同时，固化各品种的基本形象，通过与指标的比较，才有可能减少每次品鉴时出现的偏差。

在进行香气观察时，虽然要参考观察外观时所描绘的品鉴葡萄酒的粗画像（是新酒还是熟成酒、是温暖产地的还是寒冷产地的葡萄酒等），但绝对不可以带有过分的先入为主的观念，如果香气观察所导出的信息与外观观察所得到的一致，则准确性较高。

来尝试评论一番吧！

暗示品质、产地、酿造、熟成度

由香气量的大小推测为温暖产地，根据香气的复杂性推断为高品质葡萄酒。香气健全。黑色果实煮干后的微妙之处在于可以从温暖产地以及凝缩葡萄、可可豆和浓缩咖啡等香气因素窥见其为小桶熟成的现代式酿造方式。整体的香气相融后，开始产生熟成香。

Poipille
2005

评论例

香气量大、复杂。
李子果盘、黑樱桃果酱、湿土、矿物、可可豆、浓缩咖啡、甘草、鞣皮的香气。各种香气的融合。

推测风土和酿造方式

葡萄柚、欧洲醋栗的香气体现长相思的个性。稍甜的香气令人有凝缩葡萄的感觉。矿物性的香气使人联想到石灰质土壤。烘焙香意味着采用酒泥陈酿法（Sur lie）酿制，由于没有桶香、氧化味，所以可判断为不锈钢酒槽发酵。

Sancerre "La Vigne Blanche" 2009
Henri Bourgeois

评论例

香气量中等，复杂性亦中等。
健全的香气。葡萄柚果盘、欧洲醋栗、龙蒿、茴香、矿物质、淡淡的烘焙香。

第三步

品其味

认识味道的要素

  利用视觉与嗅觉所获得的大量信息推导出某种程度的方向性之后，最后的作业便是对味道的探寻！建议大家将葡萄酒含在口中的瞬间到咽下后的余韵，随着时间的经过进行考察。

要点　利用3个时间轴对味道进行分析

"从味觉和感觉两个方向入手进行验证"

简单说起来，果味、酸味和甜味三要素构成白葡萄酒的味道结构轴。红葡萄酒在此基础上再加上一个涩味。要观察在各要素中量的含有程度，通过观察平衡度来构建葡萄酒的总体框架，这样能够在某种程度上看清葡萄酒的品种和产地等。进而，还需要对各自的状态进行感性印象的观察。

在此，我们按照3个时间轴进行观察的同时，对从味道所获取的葡萄酒的信息进行分析。所谓的3个时间轴表示将葡萄酒含在口中的瞬间、葡萄酒在口内的扩散状态以及葡萄酒从口内消失后的3个过程。

第一感受（ATTACK）应该感受什么？

所谓的第一感受指的是酒入口后那一瞬间的第一印象。可从其强弱和具体的感受两方面进行观察。

强弱来自于葡萄酒所具有的量感。一般情况下，由于酒精度较高的葡萄酒会使人有强烈的第一感受(ATTACK)，所以可考虑葡萄凝缩的要因是什么。另外，葡萄品种的不同，例如，赤霞珠和黑皮诺，在单宁和酸等的含量上会有差异，导致葡萄酒内部酸度出现差异，从而也会使第一感受(ATTACK)的强弱出现差异。

所谓具体的感觉指的是爽快、力量、柔和等最初所感受到的印象。冷凉产地所培育的葡萄给人的第一印象往往是爽快，经过熟成后带有丰润感的葡萄酒会令人感觉柔和，进而，也有类似梅鹿辄之类的作为品种个性而给人留下柔和的第一印象的葡萄酒，根据品评表述可考察的事项是非常复杂的。

根据葡萄酒在口内扩散状况进行观察的事项，在口内的葡萄酒，我们从与味觉有关的事项和与感觉有关的事项两方面去考察味道的各要素。

与味觉有关的事项有果味、酸味、甜味及其他要素，如果是红葡萄酒，还有涩味。如最初所述，正是这些要素构成各葡萄酒的骨架。

果味表示葡萄的凝缩程度，这与表示糖分的甜度有所不同。炎热产地的干型葡萄酒，在入口的瞬间会有黏稠的甜味，这时，一般表述为"凝缩果味多的干型葡萄酒"，

可由之推测该葡萄酒为采用完全成熟的葡萄所酿制。另外，作为其他要素，可列出的有苦味、涩味、矿物质感等，味觉已经捕捉到它们的时候，要去思考为什么会出现这些要素。

矿物质感是一种较为抽象的表述，却是捕捉到矿物感时所使用的表述。石灰质土壤等富含矿物质的风土条件是可以与香气一起反映在口中的。举个例子来说，当我们喝硬度较高的矿物质水的时候，喉咙里面会有呛嗓子的感觉。而这种矿物质感便是这样的一种感觉。针对各要素，我们在考察量的同时，不要忽视对质感和状态等的观察。

有关感觉的事项有酒体、量感、味的复杂性。它们是对味觉所能捕捉到的骨骼的补充要素。换句话说，是长在骨骼上的肉。并且，对整体是否平衡的观察对鉴定品质来说也是非常重要的。即便是廉价的葡萄酒，如果味、酸味、涩味均衡的话，喝起来也会令人感觉舒服，无论是多么昂贵的葡萄酒，如果口感不均衡，就可以认为是品质方面出现了问题。此外，还有很多具体的评述，作为使用较为频繁的评论用语的典型例子有：表示质感的丝绸（如丝绸般细腻光滑）、鹅绒般的（Velvety）（如天鹅绒般的细密光滑）以及表示整体形象的优雅、上等（Finesse）、构成、结构（Structure）、雅致等。

"利用口感均衡和余韵的长短来确认品质"

后味（AFTER）也非常重要!

所谓的后味是指喝过葡萄酒留下的印象。余韵和后味等是我们需要观察的项目。

余韵是葡萄酒在口内消失后所留下的风味，是评价品质的重要项目之一。冷凉产地的优雅（Elegant）的高品质葡萄酒大多"后味较弱但余韵悠长"，相反，温暖产地的休闲葡萄酒则"后味较强但余韵短暂"，实际上，葡萄酒在口中扩散前与扩散后的印象也是读取葡萄酒品质的重要因素。后味对确认酸的脆爽（Crisp）是非常重要的，但是，如果涩味等令人不快的感觉在最后也没能够消失，则可考虑该葡萄酒在品质上有问题。

应该抓住什么?

将葡萄酒含在口中的瞬间 ＝ 第一感受（ATTACK）

具体感觉?

强?弱?

爽快?
强劲?
柔和等?

葡萄酒在口中扩散的状态

与味觉有关的事项
与感觉有关的事项
果味? 酸味?

感知到的其他
要素?

甜?涩?（仅限红葡萄酒）
感知到的其他味觉要素?

酒体?
量感?味道复杂性?

葡萄酒从口内消失后=后味（AFTER）

具体感觉?

余韵?悠长?短暂?
后味（尤其是白葡萄酒）

利用3个时间轴的味道检查表

第一感受（ATTACK）　　　　　　　　　　**口内**

应该掌握的事项

强弱　　**具体的感觉**

与味觉有关的事项

果味　　**酸味**　　**甜味**　　**涩味**（仅限红葡萄酒）

评论方法示例

强弱：
强/稍强/中等/稍弱/弱

具体的感觉：
爽快的/强劲的
柔和的/精致的（Delicate）

果味：
- 量：量多/稍多/中等/略少/少
- 状态：清新/调和/紧致的（Intense）/凝练的（Concentrated）

酸味：
- 量：量多/稍多/中等/略少/少
- 状态：清爽的（Fresh）/调和的/尖锐的/活泼的（Brisk）/柔弱的（soft）/柔顺的（Supple）/紧实的/充满活力的（Lively）/尖锐的（Cutting）

甜味：
半甜型（Sweet）/极甜型（VERYSWEET）/甜型（Medium sweet）/半干型（Off-Dry）/干型（Dry）/极干型（Bone-Dry）

涩味：
- 量：量多/稍多/中等/略少/少
- 状态：具有收敛性的（Aggressive）/亲和的/侵略性的/细腻（Délicat）/粗糙的（Abrasive）

可推测的事项的具体事例

强弱 / 具体感觉：

越是温暖产地，第一感受越强烈。黑葡萄品种中的赤霞珠、西拉、梅鹿辄往往会较强烈。白葡萄中的赛美蓉、霞多丽、琼瑶浆会较强。

爽快的⇒冷凉产地。新酒。如长相思、密斯卡岱等，仅使用不锈钢酒槽酿制。
强劲的⇒温暖产地。西拉、梅鹿辄、赤霞珠、霞多丽、赛美蓉等。
柔和的⇒温暖产地。梅鹿辄、霞多丽、赛美蓉、灰皮诺等。使用木桶酿造。适度熟成的葡萄酒
精致的（delicate）⇒冷凉产地。黑皮诺、雷司令等。

果味：

大多为温暖产地。梅鹿辄、赤霞珠、西拉、霞多丽、灰皮诺、赛美蓉、琼瑶浆等。多为高品质葡萄酒。

清新的⇒冷凉产地。新酒。如黑皮诺、佳美、长相思、雷司令、密斯卡岱等。
调和的⇒熟成的葡萄酒。
紧致的⇒温暖产地。高品质葡萄酒。
凝练的⇒温暖产地。梅鹿辄、西拉、赤霞珠、霞多丽、赛美蓉、琼瑶浆等。

酸味：

大多为冷凉产地。雷司令、长相思、密斯卡岱、黑皮诺等。令人意外的是，西拉和赤霞珠也含酸味较多。

清爽的（fresh）⇒冷凉产地。新酒。仅使用不锈钢酒槽酿制。
调和的⇒熟成的葡萄酒。
尖锐的(Cutting)⇒冷凉产地。密斯卡岱等。未进行MLF（Malolactic Fermentation，香气发酵）。
紧实的⇒冷凉产地。长相思、雷司令、密斯卡岱等。
充满活力的（Lively）⇒年轻的葡萄酒。
活泼的（brisk）⇒年轻的葡萄酒。长相思、密斯卡岱等。未进行MLF。
柔弱的（soft）⇒温暖产地。灰皮诺、赛美蓉、琼瑶浆等。采用MLF。木桶酿制。
柔顺的（Supple）⇒雷司令、黑皮诺等。高品质葡萄酒。

甜味：

在酒精发酵过程中，如果葡萄中的糖分完全转换成酒精，则为干型，在酒中仍残留有糖分的状态为甜型。

涩味：

一般情况下，赤霞珠、西拉的涩味较多些，梅鹿辄也稍多一些。品丽珠为中等程度，黑皮诺、佳美的涩味略少。

细腻（délicat）⇒采用小桶熟成等现代酿造方法，品质高。
粗糙的（Abrasive）⇒采用大桶熟成等传统酿制方式。非正规酿制。
具有收敛性的⇒温暖产地。多见于赤霞珠、西拉等单宁含量较多的品种。
侵略性的（Aggressive）⇒年轻的葡萄酒。多见于赤霞珠、西拉等单宁含量较多的品种。
亲和的⇒熟成的葡萄酒。采用现代酿制方法。梅鹿辄等果味较强的品种将单宁的强烈涩味进行了中和。

与感觉有关的事项

其他的味觉描述

酒体

量感

味道复杂性

口感均衡性

结构(Structure)

质感(Texture)

述精美(finesse) 其他的感觉描

余韵稍长

后味（尤其是白葡萄酒）

矿物质/苦/涩

轻盈酒体（Light body）/
中等酒体（Medium-bodied）/
中等偏高/饱满酒体（Full-bodied）

少/偏少/中等/
偏多/大/强烈/
肉质丰满（Charmu）

具有较高的潜在力

稍复杂/复杂/
简单/稍简单/中等

非常均衡/均衡

结构(Structure)结构完整/结构坚固

平滑的（Smooth）/
细腻的（Refined）

精致的（Delicate）/
高贵的/优雅（Elegant）/
的（Velvety）/天鹅绒般
丝绸般的（Silky）

长短短促/稍短/中等/
悠长
状态优雅（Elegant）/舒畅的/
舒缓的/细腻的）/亲和的

清爽（Crisp)/舒畅的

越是高品质的葡萄酒味
道越复杂。白葡萄中的
密斯卡岱和黑葡萄中的
佳美比较简单。

越是冷凉产地的葡萄
所酿制的葡萄酒往往
酒体越轻盈。在黑葡
萄中，佳美、黑皮诺
酒体偏轻，品丽珠为
中等，梅鹿辄、西
拉、赤霞珠酒体偏
重。白葡萄酒中，密
斯卡岱、长相思、雷
司令偏轻，灰皮诺、
琼瑶浆、霞多丽的酒
体为中等至偏重。

指的是酸味、果味等
要素的平衡。正值适
饮期的葡萄酒大多平
衡度良好。

表述触感的用语。多
用于描述质感细腻的
高品质葡萄酒和经过
熟成后变得平滑的葡
萄酒。

葡萄酒的品质越高余
韵越悠长。复杂性较
少的味道简单的品种
（密斯卡岱、佳美
等）余韵短暂。

冷凉产地。含酸量较
多的品种（密斯卡
岱、长相思、雷司
令）。仅采用不锈钢
酒槽酿制。

矿物质⇒大多来自于含
石灰质和矿物等物质
的土壤。
苦⇒琼瑶浆、长相
思。大多来自于含石
灰质和矿物等物质的土
壤。桶熟成的烘焙味。
不健全的葡萄酒。
涩⇒使用未成熟葡萄所
酿制的葡萄酒。高产
量的葡萄酒。不健全
的葡萄酒。

冷凉产地的葡萄所酿
制的酒的量感较少。
黑葡萄中的佳美、黑
皮诺为偏少至中等，
品丽珠为中等，梅鹿
辄、西拉、赤霞珠稍
多。白葡萄中，密斯
卡岱较少，长相思、
雷司令也较少，灰皮
诺、琼瑶浆、霞多丽
为中等至偏大。

丝绸般的（silky）⇒如
丝绸般的顺滑。
天鹅绒般的（velvety）
⇒如天鹅绒般的细腻柔
顺。
精美(finesse)⇒优美、
高雅

一般情况下，赤霞
珠、西拉的涩味较
多，梅鹿辄也稍多一
些。品丽珠为中等程
度，黑皮诺、佳美的
涩味略少。

39

COMMENT & JUDGMENT
味道的评述&综合评价

前页介绍了以3个时间轴为核心的味道一览表，按照该一览表，依顺序观察味道的各项要素，即可明确掌握味道的结构。并且，在最后对从3个方向所获得的信息进行整理、综合评价，品鉴过程至此而告以结束。

来尝试评论一番吧！

利用口内的触感来捕捉全貌

根据柔和性、紧致感、天鹅绒般的触感、量感、酒体可推测出该酒为梅鹿辄。调和的酸味、味道的整体平衡性告诉我们该酒开始迎来适饮期。果味和涩味的量和质、味道的复杂性以及悠长的余韵等可判断其为高品质葡萄酒。

Poipille 2005

具体评述

柔和、强烈的第一感受（ATTACK）。
调和的酸味与涩味融入到具有紧致感的果味中。
味道具有复杂性，如天鹅绒般。
平衡性良好的饱满酒体，余韵悠长。

进行综合评价，归纳各要素

该酒的酸味具有爽快、新鲜、紧实感，由此可推测该酒为冷凉产地。硬质的矿物质感令人联想到石灰质土壤。一股葡萄柚内皮般的淡淡苦味则符合长相思的特点。恰到好处的紧致感和细腻的（Refined）酸味则是上等葡萄酒给人留下的印象。

Sancerre "La Vigne Blanche" 2009
Henri Bourgeois

具体评述

爽快、凝缩的果味。
酸味紧致、富含矿物质、
后味有淡淡的苦味。口感清爽均衡的干型。余韵适中。

尝试评论一下吧！

确认产地、品种、收获年份、酿制方式，掌握葡萄酒所具有的潜力。除此之外还需考虑适饮期和饮酒环境。

从各阶段试饮评述所能了解到的浓浓的色调、凝练的黑色系果香、柔和的饱满酒体等梅鹿辄的个性频出。而且，桶香和天鹅绒般的味道结构、余韵悠长等证明该酒为经过现代式酿造的高品质葡萄酒。带有石榴石色的色调和陈酿香、酒体整体的融合度等表示该葡萄酒迎来了适饮期。

Poupille 2005

👉 **原来是这种葡萄酒！**

产地：法国、波尔多地区卡斯蒂永丘(Côtes de Castillon)产区。
土壤：黏土石灰质土壤。
葡萄品种：梅鹿辄100%。严格甄选。
酿制：水泥发酵罐发酵，225L小桶（新桶70%，余下为1年桶龄）36个月熟成。

从各阶段试饮评述所能了解到的欧洲醋栗的香气、后味有淡淡的苦味，这些是长相思的典型特征。淡淡的色调和爽快的香气、具有紧实感的酸味以及矿物质感所令人感受到的冷凉的石灰质土壤的风土条件又进一步体现卢瓦尔河谷地区桑塞尔葡萄酒的特点！酒圈和黏性等说明该酒是比普通的桑塞尔葡萄酒更具有紧致感的高品质酒。

Sancerre
"La Vigne Blanche" 2009
Henri Bourgeois

👉 **原来是这种葡萄酒！**

产地：法国、卢瓦尔河谷地区桑塞尔产区。
土壤：白垩质土壤，石灰岩占2/3。
葡萄品种：长相思100%，树龄40年以上。
酿制：利用不锈钢发酵罐以15~18℃发酵后，经过6~7个月的沉淀同时熟成。

第四步

起泡&
加强型葡萄酒

来自特殊工序的要素

起泡葡萄酒（Sparkling Wine）和加强型葡萄酒是在静态葡萄酒（Still Wine）的酿造工序中需要增加劳力和时间所酿制出来的。因此，需要我们探求这些来自于特殊工序的要素在静态葡萄酒中是如何体现的。

各种酿制方法所带来的多样性

一般情况下，起泡葡萄酒有3个大气压以上起泡性的葡萄酒（法国的科瑞芒、意大利的斯普曼特、德国的Schaumwein等）和大气压在3个以下的微起泡葡萄酒（法国的Petillant、意大利的Frizzante、德国的Perlwein等）两种。在起泡葡萄酒的品鉴方面，除了观察那些与静态葡萄酒相同的项目，还要注意气泡的状态以及为增加二氧化碳而采用的独特酿造工序所附加而来的风味。

在起泡葡萄酒的酿制过程中，一般进行2次酒精发酵。在一次发酵所酿制的干型静态葡萄酒中加入蔗糖和酵母（发酵液、Liqueur de tirage），将容器密封后，重新开始的发酵所生成的二氧化碳会在酒内蓄积而变成气泡，在这种二次发酵期间，所添加的酵母量、密封容器的种类等会给气泡的数量和状态带来影响，进而也会使香气和味道产生变化。香槟（Champagne）和弗朗齐亚柯达起泡酒（Franciacorta）等所采用的传统酿造法是将基酒和再发酵液密封在瓶内之后，利用低温缓慢进行二次发酵，由于经过熟成，所以

瓶内二次发酵

由于香槟是5个大气压以上，因此气泡的势头特别强且有规则地持续。气泡溶入酒中之后，呈乳脂状。这种葡萄酒也是用黑葡萄酿制，由于熟成期间较长，因此会呈现略微发红的金黄色色调。香气中融入来自于沉渣的烘焙香，味道浓郁。

查马法（MethodeCharmat）

气泡以嘶嘶升腾的方式扩散，触感温柔。香气以来自于品种和风土条件的青苹果味、白色花味、鲜药草和矿物香为中心。味道朴素清爽。普罗塞克（Prosecco）为意大利威内托大区（Veneto）的代表性起泡酒。为保持品种个性，一般采用短期的槽内二次发酵。

要点1
品饮起泡葡萄酒

（酒杯由右至左）
Prosecco Vardobbiadene Superiore San Boldo Brut N.V. Marsuret

Lanson Black Label Brut N.V. Lanson

Bugey Cerdon Méthode Ancestral N.V. Alain Renardat‐Fache

"AMANDA" Malvasia Secca Frizzante Colli Piacentini 2010 Luenti

Laurent‐Perrier Cuvée Rosé Brut N.V. Laurent‐Perrier

细小气泡会充分溶入到酒中，酒在口内呈慕斯状扩散，口感如乳脂。由于与二次发酵所带来的沉渣的接触时间也较长，因此会附带有来自沉渣的烘焙香，味道变得浓郁。

另一方面，一般情况下，采用密封槽进行二次发酵的查马法的酿造期间较短。气泡的状态会给人留下活泼轻快的印象。由于该酿造方式受沉渣的影响较小，所以能够保持葡萄本身的香气和新鲜感。另外，古传制法（Methode ancestrale）是在一次发酵即将结束之前，留有残糖的状态下装瓶，然后将继续发酵所产生的二氧化碳进行蓄积的方法。

此时，由于不再重新加蔗糖和酵母，因此，气泡的势头比较稳定。微起泡葡萄酒也与此相同，基本上不添加蔗糖和酵母，部分一次发酵所产生的二氧化碳会溶入到葡萄酒中。

下面的照片列举的是利用各种制法所酿制的白和玫瑰红起泡葡萄酒，色调大部分来自于将一次发酵后的干型葡萄酒混合后所酿制出的基酒。另外，玫瑰红起泡葡萄酒有两种情况，一种是利用放血法（Saignee）所酿制的玫瑰红基酒，另一种是将白葡萄酒与红葡萄酒混合所酿制的基酒，不同的方法也会使色调和风味产生多样性。

瓶内二次发酵（玫瑰红）

这种玫瑰红香槟是用100%黑皮诺采用浸渍法所酿制的。色调为来自黑皮诺本身的浅橙色，气泡会有规则地持续升腾，在口内如乳脂般。烘焙香、悬钩子、矿物质等香气要素来自于多方面，所以味道复杂、浓郁。

古传制法（玫瑰红）

平静融入葡萄酒中的柔和气泡。丝毫未受沉渣的影响，味道清爽、纯净，洋溢着草莓和矿物质的香气。微甜，但并非是补充糖分所致，而是留有葡萄本身的甘甜，给人留下自然天成的印象。这种葡萄酒主要是用萨瓦（Savoie）产区的佳美葡萄所酿制的。

微起泡

酒槽发酵后，在不作任何添加的状态下装瓶，因此，气泡不过于强烈，嘶嘶升腾，给人以朴素、爽快之感。苹果和花蜜的香气、素朴的味道都来自于葡萄本身。由于采用的是短期浸渍法发酵，所以色调稍浓。意大利的艾米利亚·罗马涅大区（Emilia-Romagna）是出产意大利起泡葡萄酒较多的区域。

外观=色与气泡应该观察的要素

用于酿制白起泡葡萄酒的原料不仅仅是白葡萄，也会使用大量的黑葡萄。若使用黑葡萄来酿制白葡萄酒，需要以较弱的压力来压榨葡萄，以免色素从果皮中渗出，即便如此，果汁的颜色依然会受到影响，一次发酵后的白葡萄酒的色调也会略微发红。仅使用黑葡萄所酿制的黑中之白（Blanc de Noirs）在外观上明显发红，即便是利用混合的方式仅使用部分黑葡萄，我们也能感受到黑葡萄的色素影响，呈现金色系的色调。另一方面，仅使用白葡萄酿制的白中之白（Blanc de blanc）呈现与静态的白葡萄酒相同的发绿的黄色色调。

另外，酿制方法（是否仅采用不锈钢酒槽、桶发酵或有无熟成、采用类似前页微起泡葡萄酒的酿制方式所酿造的白葡萄酒等）和陈年葡萄酒（Reserve Wine）比率等也可能会使基酒的色调和浓淡等产生细微的差异。而且，与静态的白葡萄酒相同，熟成会使颜色的浓度增加，因此，长期熟成的年份起泡葡萄酒和上市后经过一段时间的葡萄酒的色调容易变浓。但是，由于存在二氧化碳，与静态葡萄酒相比，熟成速度会变得缓慢。除此之外，在外部观察方面，不可忽略对气泡的量和气泡上升方式进行确认。

香槟
黑中之白

与右上的使用白、黑葡萄所酿制的无年份香槟相比较，红色感更强，仅从外观即可明确其使用很多黑葡萄。这种香槟所使用的葡萄品种为100%黑皮诺。由于在压榨果汁时会从果皮渗出少许花色素苷，因此酿制出的葡萄酒虽可以说是白色香槟，但其色调依然带有如淡玫瑰红般的浅橙色。
—

Oeil de Perdrix N.V.
Champagme Jean Vesselle

白葡萄为主体
弗朗齐亚柯达起泡酒

伦巴第大区所产的弗朗齐亚柯达起泡酒可以说是意大利瓶内二次发酵起泡酒的魁首。这种葡萄酒使用134个地区的自有葡萄园所严格甄选的葡萄，品种为霞多丽75%、黑品诺（Pinot Nero）15%、白皮诺（Pinot Blanc）10%、陈年葡萄酒比率最低为20%。瓶内熟成25个月之后，除渣后投放市场。由于黑葡萄所占比例较低，因此红色感并不太强，呈现明亮的黄色色调。
—

Franciacorta Brut
Cuvée Prestige N.V.
Ca'del Bosco

无年份
香槟

如果与年轻静态白葡萄酒那发绿的黄色色调相比，可看出其受到来自黑葡萄的红色系色素的微弱影响。带有金色倾向的黄色色调有时也表述为香槟金（Champagne Gold）。这种香槟的基酒是25个以上葡萄产区的葡萄所酿造的葡萄酒调配而成。品种约60%为黑皮诺，40%是霞多丽，陈年葡萄酒比率为20%。大约有3年的瓶内熟成。

Brut Souverain N.V.Champagne Henriot

观其色

3张照片均为白起泡葡萄酒。由于葡萄原料、基酒的酿造方式、混合等因素的不同，色调也是丰富多彩的。

来自于酵母的香气

包括香槟和弗朗齐亚柯达起泡酒在内，如果是瓶内二次发酵、长期熟成所酿制的起泡葡萄酒，由于与沉渣的接触期间长，因此，基酒的香气中会融入来自于沉淀的酵母风味，散发出奶油糕点和饼干等甜香香气。单一的年份起泡葡萄酒等进一步长期熟成型的起泡葡萄酒来自于酵母的香气则具有更强的倾向。相反，即便是瓶内二次发酵，如果发酵期间较短，来自于品种或风土条件的要素会更明显。

气泡的观察要点

香槟等在低温下经过长期及瓶内二次发酵的起泡葡萄酒，饱满的颗粒状气泡会有规律地持续上升。溶入到酒内的气泡在口内也会如乳脂般柔和地扩散，触感细腻。另一方面，查马法酿制的或微起泡葡萄酒的气泡在注入杯子的瞬间有一定的气势，但气泡具有会随着时间而出现较早消失的倾向。即便在口中也会蹦跳，给人以爽快感。

观察香气、味道

添加酵母后进行再次发酵的起泡葡萄酒的风味中，含有在静态葡萄酒所能感受到的要素的同时，还存在酵母所带来的要素。

观察气泡

气泡可以说是起泡葡萄酒的命根。酿制方法的不同，气泡的态势、上升方式、持续性、口内扩散的方式等会各有不同。

香气和味道的由来

起泡葡萄酒所独有的特殊酿制方法是以蓄积气泡为目的，在不锈钢发酵槽内添加酵母和蔗糖进行再次发酵，但是，此时所添加的酵母会对香气和味道等多少会带来一些影响。宛如面包内侧部分所散发出的酵母香和铝酸类的味道等都来自酵母。在法国的香槟地区（Champagne）等葡萄的糖度很难提升的冷凉产地，瓶内发酵、长期瓶内熟成有望给葡萄酒添加来自于酵母的风味，提高味道的复杂性。即便同是瓶内二次发酵，与沉渣的接触期间越短，基酒的风味越强，进而，当需要突出类似普罗塞克（Prosecco）起泡葡萄酒般的来自葡萄的香气，有效的方法是采用查马法在短期间内进行二次发酵。

另外，调配多种葡萄酒来制作基酒的起泡葡萄酒即便是同一产地，生产者所追求的酒的风格不同，也很容易产生多样性。如果是使用黑葡萄较多的葡萄酒，我们可以从中捕捉到悬钩子和李子等香气，基酒有无MLF也会使人对酸的感受方式和类型产生差异。进而，除渣后所添加的利口酒的糖分的不同，也会由此而产生味道（干甜度）多样的起泡葡萄酒。

要点2　品饮加强型葡萄酒

理解独特酿制法的个性是非常重要的

过去，加强型葡萄酒原本是出于提高葡萄酒的保存性为目的而在静态葡萄酒中添加白兰地而制造出来的。现在，各地存在因葡萄品种、风土条件、独特的酿制方法等的不同而酿制出的富有个性的加强型葡萄酒，其中，雪莉（Sherry）酒［西班牙南部安达鲁西亚（Andalucia）地区］、波特酒（Port）［杜罗河（Douro）地区］、马德拉（Madeira）葡萄酒［葡萄牙马德拉岛］被称作世界三大加强型葡萄酒，在此就它们的典型类型进行比较。外观上的色调因所用的葡萄品种（红、黑葡萄）、熟成方法、期间等的不同而各有不同，但任何一种葡萄酒都因为添加了白兰地而使酒精度数升高、黏性增强。

乡土色彩浓郁的加强型葡萄酒大多采用独特的传统式酿制方法，它们影响着香气和味道等方面的个性。另外，在酿造过程中添加白兰地的时机也会决定葡萄酒的甘甜度。例如，雪莉酒中的菲诺雪莉（Fino）等干型葡萄酒是在酒精发酵后的干型静态葡萄酒中添加白兰地，而波特等甜型葡萄酒则是在发酵过程中添加白兰地后终止发酵，因此酒中会留有葡萄的糖分。

马德拉

加热熟成给葡萄酒附加了奶糖般特有的香气。葡萄品种不同，从甜型到干型，味道的类型多样。

舍西亚尔

Madeira 5 Years Old Sercial
Blandy´s

波特酒

甜型。类型多样，从稍淡的白色到经受100多年熟成的年份酒。

白波特酒

White Porto N.V.
Niepoort

宝石红波特酒

Ruby Port N.V.
Niepoort

茶色波特酒

Tawny Port 10 Years Old
Niepoort

雪利酒

使用白葡萄酿制，干型为其主流。在木桶熟成过程中所生成的产膜酵母（Film Yeast）所带来的雪莉香是其特点之一。

菲诺

Tio PePe
Gonzalez Byass

阿蒙蒂亚雪莉

Alexander Gordon Dry Amontillado
Marquès de Irùn

欧罗索

Alexander Gordon Dry Oloroso
Marqués de Irún

雪莉酒基本上是与白葡萄酒的色调相同的菲诺雪莉。在具有来自石灰质土壤的矿物香的同时，还具有与众不同的榛实般的雪莉香，为干型葡萄酒。持续进行木桶熟成的琥珀色的阿蒙蒂亚雪莉（Amontillado）具有杏仁般的风味。进而，将酒精度提高至17度的欧罗索（Oloroso）会令人感受到氧化熟成的风味和浓郁。这3种为干型，但也有甜型雪莉酒。

波特酒的主流为红色，但洋溢柑橘、蜂蜜、药草香的白波特酒适合用作开胃酒。宝石红波特酒（Ruby-Port）的色调较浓，犹如年轻的红葡萄酒，在拥有浓厚的甜度的同时，还存在足够的酸与单宁。经过小桶长期熟成的茶色波特酒（Tawny Port）具有透明的茶色。酸和单宁调和相融，持续保有优雅的甜味。

马德拉酒的干甜度因品种而异，熟成期间的分布幅度较广，由3年至30年。琥珀色的舍西亚尔（Sercial）使用的是冷凉产地所栽培的白葡萄，洋溢着杏仁蜜饯和奶糖般的香气，酒中溶有令人舒适的酸味，为极干型葡萄酒。

CHECK LIST

起泡&加强型葡萄酒的检查法

除了静态葡萄酒的基本观察项，此处还增添了品鉴起泡酒和加强型葡萄酒时需要注意的项目。通过对这些项目的分析，能够区分此类酒的酿制类型和各种葡萄酒的独特性。

加强型葡萄酒

*由于加强型葡萄酒具有较强的独特性，因此，按照不同品牌的自有特点进行整理后，在品鉴时会更容易进行判别。

1. 色调
→淡黄色…菲诺
黄金色…白波特酒
琥珀色…阿蒙蒂亚雪莉
欧罗索
马德拉
紫红色…宝石红波特酒
红褐色…茶色波特酒

2. 独特制法带来的香气
→榛子/雪莉（产膜酵母）
奶糖/马德拉（加热氧化熟成）

3. 甜、干度
→干型…菲诺、阿蒙蒂亚雪莉、欧罗索
→甜型…所有波特酒、奶油型雪莉
*马德拉因品种的不同，甜、干度由半干型至甜型分布。

起泡葡萄酒

1. 气泡的量、状态、上升方式
→制法、气压、品质

2. 色调、浓淡
→葡萄品种、基酒、年份

3. 来自于酵母的香气
→制法

4. 来自于酵母的味道
→制法

5. 甜、干度
→糖的补充量

尝试评论一下吧！
具有光泽、透明感的琥珀色。黏性高。榛子、烘焙杏仁、肉桂、焦糖、干果等复杂、量感稍大的香气，厚重的第一感受（ATTACK）。成熟调和的酸味、烘焙杏仁般的浓郁和芳香，融合有矿物质感的细密、酒精度稍高的干型葡萄酒。余韵深远悠长。

Alexander Gordon Dry
Amontillade Marquès de. Irùn

原来是这款葡萄酒！
产地：西班牙安达卢西亚地区佩雷斯·巴尔克罗。
品牌：雪莉阿蒙蒂亚雪莉。
葡萄品种：帕诺米诺(Palomino)。
酿制：将菲诺进一步利用美国橡木桶熟成8年左右。

尝试评述一下吧！
具有光泽的香槟金色。细小气泡有规律地持续上升。青苹果、酸橙、柑橘、淡淡的坚果、奶油糕点的香气，量感中等。慕斯状扩散的乳脂状的气泡。鲜明的果味中融有酸和矿物质感的淡淡熏烤烘焙香，细腻均衡、具有余韵的高档干型葡萄酒。

Brut Souverain N.V.
Champagne Henriot

原来是这款葡萄酒！
产地：法国香槟地区(Champagne)。
葡萄品种：黑皮诺60%、霞多丽40%。
陈年酒比率：1/3。
酿制：瓶内二次发酵、3年熟成。

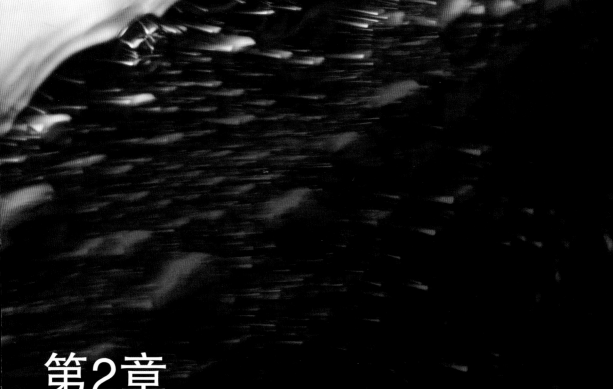

第2章
磨炼品酒术
——将感觉与知识联系起来

从本章起，我们将分析每款葡萄酒的特点。

从葡萄酒的外观、香气、品种、种植条件、酿
制方法等多方面的原因进行分析。

每一个特点都是哪些要素所决定的，只有对它们
进行整理并完全理解后，才意味着懂得了品鉴。

第一步
地 质 与 土 壤

风土条件的形成由各种各样的因素来决定，地质与土壤对葡萄的栽培与味道起着很重要的作用，在葡萄栽培方面，地质和土壤等是会产生很大影响的要因。我们应该如何通过对葡萄酒的品鉴来感受到它们的个性？

在品鉴用语中，何谓"矿物质"？

在品鉴葡萄酒时，作为评价术语会频繁使用"矿物质"一词。说起来，所谓的矿物质（无机质）是生物存活所不可或缺的元素的总称，具体有磷、钾、钙、镁、铁等十几种以上。当然，它也是葡萄生长所不可或缺的元素，因此，葡萄的根从土壤中摄取水分的同时还会吸收矿物质，但是我们凭借嗅觉和味觉等是无法对这些个别元素进行判别的。所以在品鉴葡萄酒时所使用的"矿物质"一词，大多指的是感觉上的矿物质感（类似喝矿泉水时的感觉）。

土壤中所含的矿物质的矿物组成因地质而异。今天，用于栽培葡萄的土壤的母岩中含有各个时代的各种地质的土壤，地质所含的成分对葡萄酒的风味是否会产生实际的影响？

葡萄种植者针对自己田地的土壤和地质谈论的也较多，"根将吸收到的矿物质输送给果实后，不会以葡萄酒的风味体现出来。"这样的见解也很强烈，存在很多化学方面尚未解明之处。但是，有些葡萄品种是为适应地质而培育出来的。例如，黑皮诺为石灰岩地质，佳美则是花岗岩地质等。这意味着地质对葡萄酒并非完全没有影响。并且，我们也很难认为地质与风味完全没有关联。例如，如果将阿尔萨斯地区（混杂各种地质）的石灰岩地质所栽培的雷司令与花岗岩地质所产的雷司令进行比较，我们会发现前者更具有紧致感，酒质较硬，而后者却很柔和，地质的差异会付诸我们的感觉。

另外，即便是相同的葡萄品种，沙砾和沙子等较轻的土壤所栽培的葡萄的风味轻快，而黏土比例较高的土壤所产的葡萄则酒体厚重，可以说表土的结构和pH、土壤的深度等是产生风味多样性的要素之一。

主要的地质

◉ 泥灰岩

泥灰岩是黏土和碳酸盐矿物所构成的玛珥湖（Maar）凝固后的沉积岩，含有石灰岩的主要成分碳酸钙的比率为30%～70%。凝固成更硬质的则是页岩。典型的葡萄酒产地除了勃艮第、阿尔萨斯、古典基安蒂（Chianti Classico）地区，夏布利（Chablis）的白垩土（Kimmeridgian）土壤也是侏罗纪后期的泥灰岩所组成的土壤。

◉ 石灰岩

珊瑚和生物的遗体等堆积所成的碳酸钙岩。勃艮第和阿尔萨斯等欧洲著名葡萄酒产区多为该地质，尤其是黑皮诺更适合该地质生长。大多存在于三叠纪、侏罗纪、白垩纪的地层中。翻过香槟地区（Champagne）可见的碳酸钙度较高的白垩质也是石灰岩的一种。

◉ 板岩

泥岩和页岩等沉积岩在受到压力后变成的岩石。虽坚硬细腻，但具有沿一定的面呈板状剥离的性质。颜色因所含矿物质的不同而有所差异，有红板岩、青板岩、灰板岩等。典型的葡萄酒产地有德国的摩泽尔（Mosel）、葡萄牙的杜罗河（Douro）等，大多位于陡坡之上。

◉ 花岗岩

火山活动喷发出的岩浆所形成的火成岩。主要成分是石英和长石等，此外还含有云母的结晶。分布于世界各地。典型的葡萄酒产区有博若莱（Beaujolais）、圣约瑟夫（Saint—Joseph）等北罗纳河谷、阿尔萨斯等。主要以优质的佳美和雷司令的种植园为主。

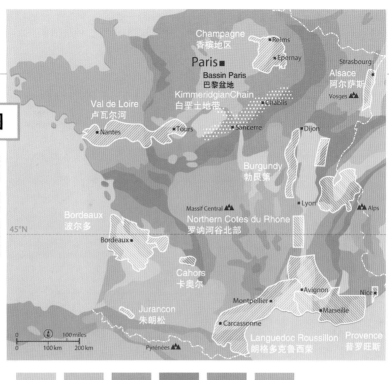

法国的地质图

　　该地图表示各产地的地质形成时代。例如，白垩土地带中就有桑塞尔和夏布利葡萄酒的产地。而白垩土地带是侏罗纪后期所形成的地质名称。（右图依据法国国家服务BRGM原版所绘制）

第四纪　　第三纪　　白恶纪　　侏罗纪　　三叠纪　　其他

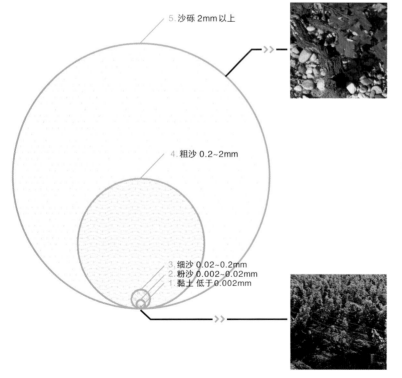

5. 沙砾 2mm 以上

4. 粗沙 0.2~2mm

3. 细沙 0.02~0.2mm
2. 粉沙 0.002~0.02mm
1. 黏土 低于0.002mm

何谓土壤?

　　因长年风化而变细的母岩颗粒中生息着大量的微生物，这些微生物发生化学变化后而形成的覆盖在地表上的黏土部分（表土）便是土壤。土壤中混杂有低于0.002mm以及更小的黏土、0.002~0.02mm的粉沙、细沙、粗沙和2mm以上的沙砾等大小不一的粒子。其组成和深度因场所而异，排水状况也会对其产生影响。例如，在沙砾较多的波尔多左岸地区，排水较好，适合栽培赤霞珠；另一方面，右岸的圣埃美隆(Saint-Emilion)和波美侯(Pomerol)等产区存在大量保水性较高的黏土，在那里诞生了高档的梅鹿辄，土壤成为对决定葡萄品种与品质的重要因素。

第二步
葡 萄 品 种

塑造葡萄酒个性的最大要因无外乎是葡萄品种。但是，各个品种的适宜产地各有不同，严密地说，应该有来自于风土条件的部分。我们以此为基础来探索它们的特征和评述用语。

白葡萄酒的品种

与果皮的接触时间较短，仅对果汁用较低的温度进行发酵而制成的白葡萄酒，其尤为细腻的香气和味道能够令人感到纯粹的葡萄个性。我们首先要把握住那些个性较强的葡萄品种。

雷司令

● 特征

由于该品种喜欢德国、法国的阿尔萨斯、澳大利亚等比较冷凉、矿物较多的风土条件，因此，如蜜般柔和的果味中所融入的具有紧致感的酸度和矿物质感是该品种的关键点。清爽、纤细，飘逸着一股凛然的优雅之气。

● 评价用语

香气：蜂蜜、白花、柠檬、苹果等奢华的香气。灯油系列的香气（石油溶剂油）。
味道：滑润的第一感受(ATTACK)。尖锐纤细的酸味较多。有较强的矿物质感。高品质葡萄酒的果味有凝缩感。口感精细(Finesse)。余韵优雅。从甜型到干型味道多样。

霞多丽

● 特征

由于其具有较高的知名度及对多种风土条件的适应能力，因此，包括法国的勃艮第在内，在世界各地均有栽培。酸度、果实的凝缩度均很高，给人的印象是颗粒均匀、圆润。品种自身的个性内敛，可以说其无特别突出之处恰恰是其特征。

● 评价用语

香气：第一层香气较内敛。产地不同，会有柑橘、苹果、洋梨、桃子、菠萝、白花等香气。
味道：柔和的第一感受(ATTACK)。果味和酸味都较多。醇和、味道均衡。高品质的葡萄酒则各要素潜力较高，味道复杂、余韵悠长。

注意那些散发出品种特有香气的品种

白葡萄酒在外观上的色调、浓淡主要来自于酿制和熟成的部分较多，品种不同所带来的差异并不明显。即使是琼瑶浆和灰皮诺之类的发红的品种，如果以轻微压榨的方式进行不锈钢酒槽酿制，也不会出现颜色的转移，所酿制出的葡萄酒呈现接近透明的淡色调。

品种所带来的外观上的特性，雷司令的亮泽和光泽较强，琼瑶浆、灰皮诺、赛美蓉等的果实的糖度容易上升，葡萄酒的黏性增加。不过，霞多丽以外的品种，如果使用温暖产地或低采收量、糖度较高的葡萄制作甜型葡萄酒时，黏性也会增强。

在香气方面，有的品种表现自身个性的香气（第一层香气）较强，有的品种则较为内敛。

WHITE WINE

琼瑶浆

● 特征

德国、阿尔萨斯、意大利的上阿迪杰(Alto Adige)等是该品种的主要产地。独特、华丽的香气，多油的果味在食用后有一股舌尖发麻的辛辣感，具有强烈的品种个性，使人难以忘怀。葡萄皮略微发红。

● 评价用语

香气：荔枝、白玫瑰等充满异国情调的香气。
味道：黏稠滑润的第一感受(ATTACK)。来自于凝缩果实的甘甜过后，有一股宛如啃咬生姜之后火辣辣的辛辣感。酸味不过于明显，量感十足。余韵悠然。

灰皮诺

● 特征

主要产地是阿尔萨斯、德国，在意大利东北部称作Pinot Gridgo。灰皮诺是黑皮诺的变异品种，皮也泛红。糖度较易上升、柔和醇厚。若产量较多，所酿的葡萄酒较中庸，而低产量所酿的葡萄酒则酒体细密丰盈。

● 评价用语

香气：黄苹果、洋梨、白桃、白花、蜂蜡、烟熏香气。
味道：柔和的第一感受(ATTACK)。果味浓密。酸味柔和适中。酒体润滑。略微辛辣，后味稍苦。高品质的葡萄酒余韵悠长。

长相思

● 特征

除了法国的波尔多、卢瓦尔河谷，被称作品种个性之典范的新西兰等世界各地均有所栽培。原本柑橘类和黑醋栗簇是该品种的香气特点，但如果产量多则青草般的香气会占上风。新鲜、清爽是该品种的基本香气类型。

● 评价用语

香气：葡萄柚、百果香、欧洲醋栗、黑醋栗簇、猫尿、鲜药草等香气
味道：清爽的第一感受(ATTACK)。泼辣的酸味、新鲜果味、口感清爽，后味有葡萄柚内皮般淡淡的苦味。

前者有琼瑶浆（荔枝、白玫瑰）、白诗南（温桲蜜饯）、维欧尼（杏仁和黄花等）、长相思（欧洲醋栗、黑醋栗簇）、雷司令（蜜、石油溶剂）等，我们要充分把握这些象征品种的第一层香气。当然，各地的风土条件、产量以及收成年份等因素都会带来一些误差，但如果能够记住典型的香气，各种状况所带来的差异也容易轻松把握。大家要记住，第一层香气较少的霞多丽、密斯卡岱、甲州等是风土条件和酿制方式等较易体现在香气要素中的品种。

在味道方面，葡萄本来的复杂味道因品种而异，它们与余韵的悠长是成正比例的。例如，密斯卡岱和甲州等比较单纯，余韵也较短促。然而，霞多丽和雷司令等是可酿制长熟型高级白葡萄酒的高贵品种，在抑制产量进行精心酿制时，果味和酸味均多，尽管会有酿制方式的差异，但味道都具有复杂性，余韵悠长。另外，从其他观点来看，密斯卡岱、雷司令、长相思则令人感到冷凉产地那种具有较强紧致感的酸味，清爽、优雅。另一方面，灰皮诺、维欧尼(Viognier)、霞多丽、琼瑶浆等果实凝缩感较强的品种，酒体醇和充盈，酸味柔和。

WHITE WINE

密斯卡

◉ 特征

冷凉的卢瓦尔河谷南特(Nantais)产区是该品种的主产地。由于其为质朴、个性较少的品种，因此，大多利用低温发酵和酒泥陈酿等方式给香气和味道增添复杂性。

◉ 评价用语

香气：香气量略少。白花、酸橙、苹果、矿物、（酒泥陈酿法所带来的）烘焙香气等。

味道：轻快的第一感受(ATTACK)。尖锐刺口的酸味，具有矿物感。纤弱、清爽，余韵短暂。

赛美蓉

◉ 特征

种植在波尔多、澳大利亚等温暖产地。酸味较弱，酒体具有量感。在波尔多的苏玳(Sauternes)，虽然生产由贵腐葡萄所酿制的香气较高的甜型葡萄酒，但其品种本身的香气较弱。

◉ 评价用语

香气：羊毛脂等不引人注目的香气。添加贵腐葡萄后，则是蜂蜡、塑料等香气。

味道：柔和的第一感受(ATTACK)。果味浓密。酒体肉感丰腴。余韵厚重持久。

白诗南

◉ 特征

卢瓦尔河谷是其代表产地，从贵腐的甜型到甘型等种类多样。芳香型香气，果味内部强烈的酸味为该品种的特征，上等的葡萄可进行长期熟成。

◉ 评价用语

香气：木瓜蜜饯、榅桲、百合花的香气。

味道：润滑的第一感受(ATTACK)。酒体轻盈，酸味较强。（尤其是石灰质土壤）具有较强的矿物感。余韵紧致优雅。

甲州

◉ 特征

日本固有品种。皮色发红。香气不明显，有淡淡的柑橘香气。品种个性较少，给人印象雅致素气。不同的酿制方式，造就从干型到半甜型的多样性。

◉ 评价用语

香气：量感内敛。柑橘、白花、苹果等香气。还有低温发酵所带来的吟酿香。

味道：柔和的第一感受(ATTACK)。整体的酒精感内敛，酸味平稳。后味略苦。余韵短促。

维欧尼

◉ 特征

法国的罗纳河等温暖地带是该品种的主流栽植地。奢华的芳香来自于光艳、黏稠的浓缩果味的丰腴酒体是其品种个性。香气在口中萦绕。

◉ 评价用语

香气：丹桂、洋梨、杏等丰富的香气。

味道：润滑的第一感受(ATTACK)。酒体轻盈，酸味轻柔、酒体柔和。还具有淡淡的干药草的风味。酒精量感稍大，余韵轻柔。

RED WINE

红葡萄酒的品种

通过图片我们可以知道，葡萄品种的不同，果粒的大小、果皮的薄厚、果皮、果核与果肉的比例也不尽相同。连皮带核一同酿制的红葡萄酒，品种个性会生动地反映在葡萄酒中。

赤霞珠

● 特征

以波尔多为首的世界各地均有栽培，大多为比较温暖的地区。因为果皮较厚，因此色调较浓，除了黑色系的果香，具有清凉感的植物香气也是其品种个性。果实的凝缩感、酸度、单宁均较强，酒体饱满，具有耐长期熟成的潜力。

● 评价用语

外观：浓色调。

香气：黑醋栗、黑樱桃、黑莓、杉、湿土、薄荷、墨水等香气。

味道：强劲的第一感受 (ATTACK)。较强的浓缩果味，酸味也稍多，酒内含较多浓烈的单宁，味道结构复杂，余韵悠长。

黑皮诺

● 特征

该品种冷凉的石灰质土壤具有较强的亲和力，法国勃艮第为首屈一指。有光泽的淡雅外观、红色系果实的果味香气是其品种个性。酸味较强而涩味较少，低产量则具有充分的果实凝缩感，酒体轻盈优雅。

● 评价用语

外观：有透明感、光泽、明亮的淡色调。

香气：悬钩子、红醋栗、蓝莓、樱桃、梅果酱、红花等香气。

味道：纤细的第一感受 (ATTACK)。酸味多，涩味少。酒体精细，如丝般柔和。余韵优雅。

因品种而异的外观也需要检查

红葡萄酒的颜色源自果皮所含的花色素苷。因此，果皮的厚度及其比例也会使色调的浓淡产生差异。一般情况下，提起淡色调的品种，往往指的是黑皮诺和佳美，如果将两者进行比较，我们会发现黑皮诺更具有透明感、光泽明亮。另一方面，作为浓色调的品种，有赤霞珠、西拉、梅鹿辄等。但是，希望大家也要牢牢记住浸渍法和熟成期间的长短也会影响颜色的浓淡。

红葡萄酒是果皮和果核一同发酵、酿制，经过稍长的熟成期而制成的。它的香气比白葡萄酒更复杂，很多的香气是各个阶段所产生的多种要素融合而成的。但是，各个品种都具有典型的第一层香气，因此，我们可尝试将从葡萄酒所感受到的香气进行分解，选取那些来自品种的部分。

如果根据果香进行分类，酸味较强的清爽的红色系果实有黑皮诺（悬钩子）、佳美（草莓）、贝利A麝香（Muscat Bailey、A草莓果子露）等。另一方面，比红色系具有更强果实凝缩感的黑色系果实有赤霞珠（黑醋栗）、西拉（黑樱桃、黑莓）等。

RED WINE

梅鹿辄

● 特征

　　以波尔多为首，在世界各地均有栽培。如果将其与同为波尔多所栽植的代表品种赤霞珠相比较，它那细密，具有量感的果味更为明显。树势较强，从休闲酒到超高档酒，酒的品质范围较广。上等的葡萄酒酒体饱满，余韵悠长。

● 评价用语

　　外观：浓色调。
　　香气：李子、黑莓等黑色系果实、湿土等香气。
　　味道：虽强劲却又柔和的第一感受(ATTACK)。凝缩果味强，酸味中等，涩味较多，但由于果味较多，因此涩味并不突出。余韵如天鹅绒般的舒畅。

西拉

● 特征

　　该品种喜法国南部和澳大利亚等温暖产地，在罗纳河北部诞生出顶级（Grand Vin）葡萄酒。除了黑色系果实，动物般的香气与香辣感是其品种个性。果实的凝缩感、酸和涩味均多，具有耐长期熟成的潜力。

● 评价用语

　　外观：稍浓的色调。
　　香气：紫罗兰花、李子、黑樱桃等黑色系果实、黑橄榄、生肉、铁、黑胡椒等香气。
　　味道：强劲的第一感受(ATTACK)。凝缩果味、酸、酒内含较多浓烈的单宁。味道香辣，具有野性，余韵悠长。

品丽珠

● 特征

　　卢瓦尔河谷和波尔多是其代表产地，从基因角度来说，赤霞珠的一方亲本就是品丽珠，但一般情况下酒体比赤霞珠更轻快，为中等酒体(medium−bodied)。由于树势较强，如果量产，卡本内（Cabernet）所特有的青椒等蔬菜风味更为明显。

● 评价用语

　　外观：中等至稍浓的色调。
　　香气：樱桃、蓝莓、紫罗兰花、青椒、绿芦笋等香气。
　　味道：中等的第一感受(ATTACK)。新鲜适度的凝缩果味，酸味稍多，涩味中等。酒体精细（Finesse）如丝般柔和。余韵柔和优雅。

　　而且，希望大家能够按照品种的不同，将上述内容补充到那些具有植物、香料、动物等个性的第一层香气的品种中，对品种个性进行整理。桑娇维塞、丹魄等温暖产地所培育的品种具有动物或香料等香气。

从酒体均衡来观察的品种特性

　　在味道方面，首先按照酒体的大小进行分类。佳美、贝利A麝香、黑皮诺、品丽珠之类的品种的酒体由轻至中等酒体。它们同上述内容一样，颜色并不过浓，香气也属于红色系果味等，大多酸味和新鲜度较为显著。另一方面，赤霞珠、西拉、梅鹿辄、纳比奥罗、丹魄等酒体饱满的品种，在具有凝缩果味的同时，涩味也较多，在新酒阶段，浓烈的单宁能够耐受长期熟成。当然，即便是同一品种，品质和风土条件也会导致多样性的产生，希望大家能够把握基本的酒体均衡。

RED WINE

纳比奥罗

● 特征

意大利皮埃蒙特大区为主要产地的顶级品种。由于酸和涩较强，具有较高的久藏潜力，所以一般经过长期熟成之后再上市。除了紫罗兰花和樱桃的香气，还有土和铁的香气。

● 评价用语

外观：有透明感、光泽。

香气：紫罗兰花、樱桃、焦油、铁、甘草等香气。

味道：柔和第一感受（ATTACK）。尖锐刺口的酸味，凝缩果味中融入酸、涩味和矿物感。味道复杂、优雅，余韵悠长。

桑娇维塞

● 特征

意大利托斯卡纳区为该品种的代表产地。该品种所酿制的葡萄酒由休闲酒到上等葡萄酒，品质范围广泛。具有成熟的果香与淡淡的香料香气。凝缩果味中融有纤细的酸、涩及铁的香气，具有层次感。

● 评价用语

外观：中等至稍浓的色调。

香气：黑樱桃、干无花果、黑橄榄、丁香、甘草、杏仁等香气。

味道：强劲的果味，酸味较多。干枯般的涩味。酒精量感由中至大。

佳美

● 特征

勃艮第产区的博若莱地区为该品种的主要产地。飘溢一股草莓的香气，果汁般轻盈酒体为其品种个性。如果与黑皮诺进行比较，酸的张力较弱，略有苦中带甜之感。

● 评价用语

外观：淡色调。

香气：草莓、花、甘草、黑糖、黑橄榄等香气。

味道：轻快的第一感受（ATTACK）。新鲜的果味，酸味稍多，涩味较弱，鲜嫩的后味中微苦。酒精量感内敛。

贝利A麝香

● 特征

贝利与麝香杂交而诞生的日本固有品种。草莓和樱桃蜜饯等甜香的同时，喝起来有滑腻轻快之感。后味中留有甘草般淡淡的苦味。

● 评价用语

外观：中等程度的色调。

香气：草莓蜜饯、肉桂、甘草等香气。

味道：柔顺的第一感受（ATTACK）。多汁的果味、涩味、酸味平稳。略微苦中有甜的清爽、后味轻快。

丹魄

● 特征

在西班牙各地均有栽培。产地、酿造模式的不同，所酿出的葡萄酒的类型多样。由于该品种多产于温暖地区，因此，飘溢着黑色系果味和干果等完全成熟的果味和香料般的风味。

● 评价用语

色调：淡色调。

香气：黑莓、干李子、肉桂、甘草、土等香气。

味道：既柔和又强劲的第一感受（ATTACK）。凝缩果味中融入醇和的酸味和涩味，具有量感。

第三步
多 种 酿 制 方 法

在酿制技术不断进步的今天，生产者可以根据自己的目标类型选择各种各样的技术，酿制出类型多样的葡萄酒。在此，我们按照酿制流程来探求酿制技术对所酿制出的葡萄酒的影响。

红葡萄酒

连皮和果核一同发酵的红葡萄酒与白葡萄酒相比，其所含的成分更多。葡萄的本质来自于酿制的要素通过熟成进行融合，最终完成向复杂风味的变化。

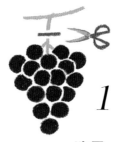

选果

通过选果将未熟果、腐烂果、病果和叶子等剔除掉，这样做出来的葡萄酒的健全度也会提升。如果仅使用完全成熟的果实，会没有杂味，各要素的潜力能够得到提高，有的生产者为了追求高品质，还会进行二次选果，对葡萄串、葡萄粒进行筛选。

去梗·破皮机

为了使葡萄酒没有苦涩味，在发酵之前进行去梗，一直以来被认为是一种固定化了的做法，但是，有的葡萄品种需要增加味道的复杂性，所以有时也不经过去梗这道工序。另外，有的生产者为了通过平稳的发酵来萃取出纯粹的果味，甚至不对葡萄进行破碎。

选材

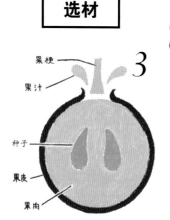

果梗
果汁
种子
果皮
果肉

黑葡萄截面

果皮中含有色素的根源——花色素苷，葡萄籽中含有涩味之源——多酚，果肉则含有很多的糖和酸等。在红葡萄酒的酿制方面，由于是连皮和籽一起发酵的，因此呈现出紫色色调，风味也含有涩味，变得复杂起来。

通过多种方法和技术塑造出葡萄酒的独特风味

尽管葡萄酒的品质大多来自于葡萄本身的潜力，但是，如果在采摘时，或在酿酒厂能够进行严格的选果，可有望进一步提高酒的品质。仅使用完全成熟的葡萄粒进行发酵，酒的健全度得到提高是无须赘言的，而且凝缩感也会增加，味道的复杂性提升，酒的余韵也会变得悠长。

一般会对经过选果后的葡萄进行去梗，装入破皮机破碎。但是，出于为酒体增加复杂性的目的，黑皮诺等部分品种有时也在不去梗的状态下直接进行发酵。另外，博若莱新酒等采用二氧化碳浸泡法（在不对葡萄进行破碎的状态下将整串葡萄装入密封容器，然后充填二氧化碳来尽早萃取出色素）进行酿制时，酒会附加酿制所带来的香蕉和草莓等甜香的香气。近年来，有的生产者将未破碎的葡萄粒直接放入发酵容器中，用干冰覆盖在葡萄表面的半二氧化碳浸泡法（Semi-Macération Carbonique），这时也能够有若干同样的香气。

为了能够切实地酿制出健全的葡萄酒，有的生产者会将培养酵母用作开始发酵的酵母。另一方面，为了追求风味的复杂性，有的生产者仅使用野生酵母进行发酵。但是，后者在发酵开始之前是需要一定

5

6

发酵

葡萄醪的搅拌

在酒精发酵过程中，采用压帽（punch down）或淋皮（Pumping over）等方式进行搅拌，以此来促进对色素和涩味的提取。根据品种和生产者的意图不同，有各种方法可供选择。当然，搅拌的次数越多，萃取量也会越多。

发酵容器

生产者以及目标类型的不同，在发酵容器的选择方面也是有所变化的。有的生产者会使用不锈钢发酵罐来制作纯净（Clean）、没有厌恶或不明气味的葡萄酒，这类酒槽能够进行准确的温度管理，而且卫生。有的生产者用能够与微量空气进行接触的木桶或温度变化较小的水泥发酵罐进行发酵。

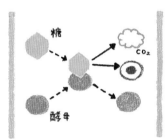

8 浸渍（maceration）

如果与葡萄醪的接触时间长，色素和单宁的萃取量自然就会增加，色调会变得更浓，涩味也会增多，味道变得复杂。葡萄品种的个性或生产者的目标类型决定浸皮的时间。

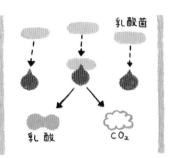

酒精发酵 7

红葡萄酒的发酵温度是30℃左右。如果温度偏低，会突出葡萄本身的纯粹性，如果温度偏高，能够促进各种成分的萃取，味道会变得复杂。另外，所加入的是培养酵母还是自然酵母，会使酒的风味产生差异。

丙乳酸发酵 9

一般情况下，在酒精发酵结束之后开始MLF，但是，近年来，为了酿制出高品质的葡萄酒，有的生产者再将酒移入到熟成用的酒桶之后再进行MLF。这种方法会使酒和桶更加亲和，乳脂般的香气也很柔和，口感轻柔。

时间的，有可能被酒香酵母等细菌污染，出现"淋湿的小狗味儿"等令人不快的气味。

因萃取而发生变化的酒精量感、复杂度

在红葡萄酒的发酵方面，在生成酒精的同时，萃取色素和涩味等也是发酵的重要目的。因此，发酵温度要高于白葡萄酒，在酒精发酵结束之后，还存在一段继续与果皮和果核进行接触的浸皮期间。具体的发酵温度因生产者而异，在26～32℃，但是，如果在稍低的温度带，能够保持果实本来的果味和细腻度，若是稍高的温度带，能够促进色素、涩味、高档酒精成分的萃取，所酿制出葡萄酒的味道复杂、酒精量多。

同样，浸渍期间（数日至1个月）、定期进行葡萄酒搅拌（压帽或淋皮等）的方法或频度等也会对萃取成分的状态、量、所制出的葡萄酒的口感、酒精量感、味道的复杂性等产生影响。不锈钢发酵罐、木桶、水泥发酵罐等不同种类的酿制容器也会使酒的风格发生变化。

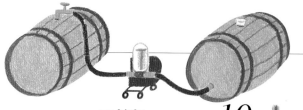

压榨机 *10*

　　浸渍结束后，从发酵罐中自然流出的葡萄酒会被转移到其他的罐中，再对残留的葡萄醪进行压榨，从而制成色素和涩味等较强的榨渣酒。如果在被转移到另一个罐中的葡萄酒内适量加入榨渣酒，会增加葡萄酒味道的复杂性，但若追求酒的纯粹性，则不会有该道工序。

12 熟成

　　利用与空气接触较少的酒槽进行短期间贮藏的葡萄酒能够保持果实本身的果味。另一方面，若是木桶熟成，微量摄入的氧会带来缓慢的氧化，色素和涩味等聚合起来，增加味道的圆润和复杂性。

11 大桶、小桶

　　大桶的熟成速度较迟缓，色素和涩味等会缓慢地聚合而变得巨大，变成沉渣后色调会变淡。另外，小桶的熟成速度较快，细微的涩味在较早的阶段即可融入到果味中。小桶熟成的年轻葡萄酒给人的印象是桶香较强。

13 滗清、澄清、过滤

　　在滗清时，葡萄酒与空气接触，将香气从原状态中解放出来之后消失。通过澄清、过滤，就会产生透明感，但是，为避免损失味道的复杂性，有时会强行避开这道工序。无过滤、无澄清葡萄酒大多会看起来浑浊。

14 装瓶

　　即便是同一款葡萄酒，瓶的容量不同也会使瓶熟成的速度出现差异。与空气接触较多的半瓶（half bottle）熟成的速度较快，马格南瓶（Magnum）及更大容量的酒瓶比常规瓶的熟成速度慢。

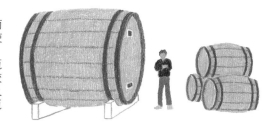

熟成时的空气接触会使葡萄酒的Style发生变化

　　刚刚发酵过的葡萄酒，它们来自于葡萄自身或发酵的香气各不相同，味道也因酸味和涩味互相博弈而显得不协调。刚刚完成酒精发酵的红葡萄酒的酸味尽管是一种较敏锐的苹果酸，但在其后经过丙乳酸发酵会转变成较温和的乳酸。

　　另外，各要素均匀融合后，状态会变得稳定，进而，若要增加味道的复杂性，与空气进行一段时间的适度接触（平缓的氧化熟成）是必不可少的。空气接触的比例因熟成期间和熟成容器而异，因此也会产生多样性。

　　具有透氧性的木桶被频繁用于红葡萄酒的熟成。与空气接触较多的小桶能够恰到好处地促进氧化熟成，由于酒体融入细腻的色素和涩味，因此，酿制出色调较浓、细密的葡萄酒（新桶

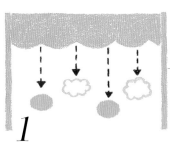

1

浸皮 (Skin Contact)

在发酵之前的数小时至数日间，进行浸皮使果汁与果皮接触，其目的是使果皮中所含的大量香味成分转移至果汁中，增加味道的复杂性。而另一方面，则有酸度降低、杂味流入、褐化等风险。

3

木桶、不锈钢酒槽

重视新鲜和芳香的葡萄酒需要使用能够将氧化抑制到最低的不锈钢酒槽，而追求味道复杂性的葡萄酒则需要使用木桶，通过与空气接触来提高风味，还有望萃取到来自于桶材的成分，新桶、小桶酿制的葡萄酒，来自于桶的香气较强。

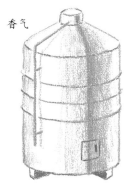

香气

白葡萄酒

白葡萄酒有清新型和丰腴型。前者保持果汁的纯粹性，后者采用了旨在促进多种成分的生成和萃取的技法。

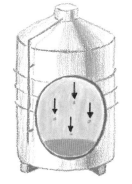

2

沉降 (Debourbage)

将刚刚完成压榨的浑浊的果汁放置数小时进行低温沉降，澄清之后，仅对清澄的果汁进行发酵。通过使用去除掉不纯物的纯粹果汁来增加葡萄酒的健全度，成为无杂味的纯净风味。

搅拌

酒精发酵结束之后，沉积在容器底部的沉渣是酵母的遗骸，它们能自我分解生成氨基酸。对它们进行搅拌（酒渣搅拌），能够促进香味融入葡萄酒，使味道变得浓郁、复杂。

4

的氧渗透性更高）。进而，如果是与桶材接触更多的小桶熟成葡萄酒，桶香与果香相融，酒会散发出意式浓缩咖啡和可可的芳香。另外，在桶材方面，含香兰素成分较多的新桶所酿制的葡萄酒会有香子兰香气，芳香性较强的美国橡木桶所酿制的酒则具有炼乳般的香气。

唯有细腻的白葡萄酒才能明显体现来自酿制的风味

为了不损失细腻的香味成分，白葡萄酒的发酵温度为15～20℃。为了给那些缺乏自身个性的品种（密斯卡岱、甲州等）附加来自低温发酵的香气（甜瓜、糖果等与日本清酒的"吟酿香"相似的香气），有时也会以10～15℃的较低温度进行缓慢发酵。当然，发酵、熟成容器的选择也会因葡萄酒的特点而发生变化。

白葡萄酒，有无丙乳酸发酵（MLF）会对葡萄酒的特点产生很大影响。如果避开丙乳酸发酵，泼辣的苹果酸会使葡萄酒给人以爽快的印象。如果进行丙乳酸发酵，则会和杏仁豆腐或酸奶等来自于酿制的香气一道成为圆润的具有柔和质感的酸味，带来温柔的口感。进而，与沉渣的接触还会增加量感和味道的复杂性。

除了勃艮第地区传统的酒渣搅拌，卢瓦尔河谷的密斯卡岱所频繁使用的酒泥陈酿法也是出于同样的目的。针对原本就缺少葡萄芳香的密斯卡岱，酒泥陈酿法在为酒体增添厚度的同时，还附加了来自于沉渣的酵母风味。

起泡葡萄酒

二次发酵的方法不同，会有若干种制作的方法，在此我们依据香槟地区所采用的传统方式来对各工序进行追踪。

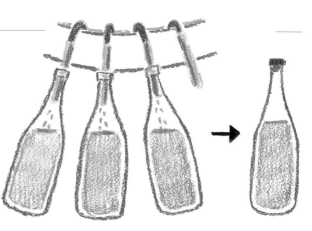

调配（Assemblage） *1*

黑中之白虽然是白起泡酒，但其大多颜色稍浓，飘逸着红色系果香，酒体厚重。用于调配的基酒和陈年葡萄酒的比例不同，在外观、香气、味道上会产生多样性。

瓶中熟成

3

由于瓶内二次发酵需要低温缓慢进行，因此，在发酵的同时产生的二氧化碳也会缓慢地溶入到酒中，气泡细腻呈乳脂状。进行短期酒槽发酵的查马法所酿制的起泡酒气泡易变得粗糙剧烈。

2

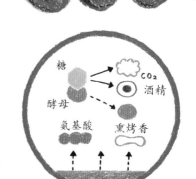

添液（Tirage）

二次发酵的主要目的是蓄积二氧化碳。通过添液时所加的糖量来决定气压。通常，起泡葡萄酒最低需要3个气压，而加入24g/L糖分的香槟则是5~6个气压，气泡势头较强。

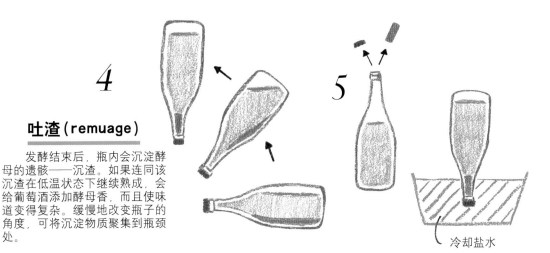

4

吐渣（remuage）

发酵结束后，瓶内会沉淀酵母的遗骸——沉渣。如果连同该沉渣在低温状态下继续熟成，会给葡萄酒添加酵母香，而且使味道变得复杂。缓慢地改变瓶子的角度，可将沉淀物质聚集到瓶颈处。

5

冷却盐水

除渣（Degorgement）

在去除沉渣的阶段也会使风味发生变化。如果沉渣的接触时间较长，酵母和烘焙香的香气会较强，味道也会变得浓郁、复杂。相反，如若突出果味，则需要尽早除去沉渣。

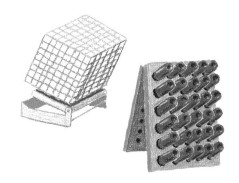

6

加味液（dosage）

用以补充，除渣阶段的损失量。此时所添加的糖分量决定酒的甜干度。有完全不添加糖分的零剂量（Dosage Zero）、极干（Brut）、干酒（Secco）和甜型的等，各国以含糖量来表示甜干度。

桃红葡萄酒
(Rose Wine)

桃红葡萄酒的酿制方法有放血法（Saignee）和直接压榨法（Direct Pressing）。放血法是使葡萄汁与果皮和葡萄籽进行短时间接触的方法，直接压榨法是对黑葡萄进行直接压榨，然后对着上色葡萄汁进行发酵的方法。前者是红葡萄酒式的制法，后者是白葡萄酒式的酿制方法。

放血法

酿造过程同红葡萄酒相似，连皮和籽一同开始发酵。数小时至数日之后，在果汁恰到好处地着色的时候，仅将液体流放出来，对被流放出来的葡萄汁进行持续发酵。酒色的浓淡、涩味的含量等会因接触时间而发生变化。

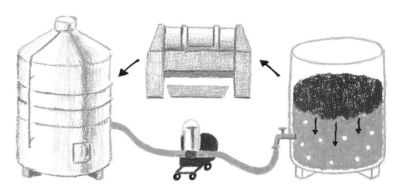

起泡葡萄酒的多样性来自何处？

在酿制方面决定起泡葡萄酒风味的要点：①通过调配（Assemblage）打造酒的特点；②二次发酵时的糖分添加量与发酵环境；③与沉渣的接触时间；④加味液（dosage）的量。

基酒的调配是决定起泡葡萄酒特点的重要工序。大部分起泡葡萄酒是对使用黑葡萄果汁的基酒进行调配的，与普通的白葡萄酒的色调不同，是一种略带橙色，被称作香槟金的色调，即便是白色的起泡酒，有时依然有悬钩子等红色系果香，调配所带来的细腻变化是非常丰富的。

气泡被称作起泡葡萄酒的命根，它是在密封容器内进行二次发酵时所产生的，但气泡的颗粒状态会因酿制方法而异。另外，葡萄酒内的气压是由所添加的蔗糖量来决定的。而且，二次发酵所产生的沉渣的接触程度也会对风味产生影响。若要保留葡萄本身的芳香，要用与沉渣接触较少的酒槽进行迅速的二次发酵，年份香槟（Vintage Champagne）等与沉渣接触程度、接触期间较长的酒具有较强的来自沉渣的酵母风味和浓郁感。并且，最后一道加味液工序的糖分添加量决定酒的甜、干度。

桃红葡萄酒颜色的浓淡来自于酿造

如同前章19页的照片所示，桃红葡萄酒的色调和浓淡等的范围是比较宽泛的，它们的差异大多来自于酿造。直接压榨法（即对除梗破碎后的黑葡萄立即进行压榨后，会有少量色素从果皮流出，然后对着上色的葡萄汁进行发酵的方法）所酿制出的桃红葡萄酒呈淡色调。如果采用这种方法，由于涩味的萃取量较少，因此，给人的印象更接近白葡萄酒。美国的白仙粉黛桃红葡萄酒（White Zinfandel）通常是这种方法所酿制的。

另一方面，放血法虽然期间短，但由于与色素和涩味的来源——果皮和葡萄籽进行接触，因此，所酿出的桃红葡萄酒的色调较浓，有淡淡的涩味，味道也较复杂。

在波尔多等高档葡萄酒产地，在酿造红葡萄酒的时候，为了提高葡萄醪与葡萄汁的比例，有时会在发酵过程中，流掉约10%的葡萄汁，将被流掉的葡萄汁制成桃红葡萄酒。

葡萄的颜色、香气、味道从何而来?

　　针对葡萄酒的色调、香气、味道是如何产生的这一问题，依然有许多尚未解明之处。让我们来听一听专家对植物成分的生成过程、葡萄酒味道等进行的研究看法。

白葡萄酒的味道

为什么人们认为白葡萄酒的颜色偏绿，则是冷凉气候所培育的葡萄?

　　葡萄的果皮中含有叶子的绿色成分——叶绿素。葡萄酒"偏绿"的原因就来自于葡萄皮中的这种叶绿素。这种物质是比较不稳定的，随着葡萄的逐渐成熟，其本身会衰落。在温暖产地的阳光沐浴下成熟的葡萄中所含的叶绿素随着糖度的上升而逐渐衰落，而在冷凉的气候下，天气在果实发黄尚未完全成熟之前就变冷了，然后再进行采收。虽然也因葡萄的品种而异，但在冷凉气候下，叶绿素会残留在葡萄的果皮中，它也会转移到酒中，所以酒的颜色会发绿。

接近无色的白葡萄酒所含的味道和香气等的成分也少吗?

　　我们应该分别对颜色和香气的成分进行把握。白葡萄酒的淡黄色主要由花色素苷以外的黄酮类 (flavonoid) 成分和苯丙素 (phenylpropanoid) 等单纯的多酚类成分所决定的。颜色较淡的葡萄酒有时也会含有少量这些成分。另外，这些物质会因氧化而使黄色倾向更加强烈。因此，即便含量几乎相同，也可能是仅仅因为氧化程度低。无论有无氧化，葡萄酒的酸度也会使色调产生变化。影响葡萄酒色调的成分基本上不会对香气有影响，另外，整体气味之本源成分几乎均是无色的，因此，接近无色的白葡萄酒所含的香气成分的种类未必就少。

红葡萄酒的味道

排水好的土壤所培育的葡萄能酿造出色浓的葡萄酒吗?

　　人们认为排水好的土壤适合栽培葡萄。极端的水分不足会带来很多麻烦，但如果水分适度地出现缺乏，葡萄会感到压力，葡萄的果粒就不会长得过大，葡萄皮与果汁的比例会升高，这有利于使葡萄酒的颜色变浓。另外，即便是同样大小的葡萄粒，适度的干燥会使葡萄更容易蓄积红葡萄酒颜色的主要成分花色素苷，香气成分也会增多。花色素苷的蓄积尽管也受到气温、日照、氮肥等的影响（尤其是日照，它是起决定性作用的），但像日本那样雨多的气候条件，田地的排水可以说是尤其重要的。

如果色浓涩味也会增强吗?

　　影响红葡萄酒的颜色的主要成分花色素苷和影响涩味成分的单宁均是多酚的一种黄酮类。这种共通性较高的化合物肩负着酒的颜色和涩味，因此，很多色浓的葡萄酒涩味较强。但是，有一种说法认为在葡萄的着色成熟期，单宁会减少，颜色与涩味未必直接相关。充分着色的葡萄在酿制葡萄酒的时候，通过长时间浸渍来萃取单宁后酒体变得饱满。还有一种说法是，单宁的分子量随着熟成而变大后，涩味增强，如果变得过大会发生沉淀，但最近还有主张认为低分子化以后，涩味会降低。

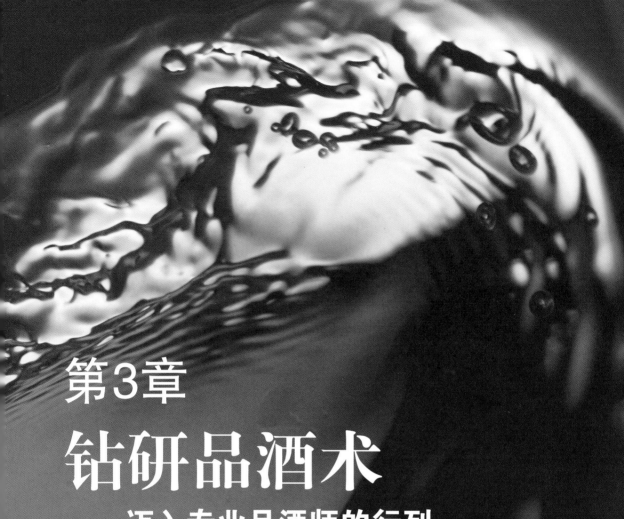

第3章

钻研品酒术

——迈入专业品酒师的行列

在最后一章我们将学习专业的品酒师是如何品
鉴日常的葡萄酒的。

他们能够准确透彻地观察葡萄酒，不断地挖掘
出符合各自特点的葡萄酒信息。

我们下功夫去学习已被验证过的训练方法，这
样一定会有助于提高我们的品鉴能力。

也有助于加深对葡萄酒的科学理解。

我们来努力钻研品酒术吧！

SP CIAL TAL

◎ 森觉Vs内德古德温（Ned Goodwin）
侍酒师与MW的品饮技术

世界侍酒师大赛日本代表选手与MW（葡萄酒大师）。
即便立场不同，但在对世界最高水平的品饮能力的要求这一点上是相同的。
两个人的所谓技艺、词汇、训练指的是什么？

内德古德温

森觉

"在客人面前要使用独角仙的香气之类的词语"

——由于目的不同，所以两个人品鉴的方法和观点等当然会有所不同。

内德：我在做侍酒师的时候，我对某种料理与某种葡萄酒是否相配给予了特别的注意。不过，在MW（葡萄酒大师）考试时，直面的课题是葡萄酒酿造、品种、产地、生产者的生产目标以及葡萄酒的缺陷等，因此，在这个意义上，对1瓶葡萄酒所必须探求的项目也许会更宽泛。将平常的品鉴潦草地做了笔记，而必须确认的项目则是BLICC5项。B是Balance（平衡）、L是Length（余韵）、I为Intensity（强度）、C是Concentration（浓郁度）与Complexity（复杂度）。

森觉：我将品鉴分为3大类型。一个是进口商所举办的品酒会，其次是为客人提供葡萄酒

森觉

Satoru Mori

　　1977年出生于群马县。就职于新大谷酒店（NEW OTANI HOTELS）内的餐厅——巴黎银塔东京店。在第5届全日本品酒师大赛上获得冠军，在亚洲太平洋代表赛上也取得了胜利。2010年作为亚太地区代表参加了ASI世界品酒师大赛。名列12名。

森觉的案头常备的图书是田崎真也所著的《葡萄酒·味道窍门》（柴田书店）。这本书是森觉刚开始学习葡萄酒的时候购买的，他说这本书即便是今天也非常有用，都不知道读过多少遍了。

内德古德温

Ned Goodwin

　　1969年出生于英国伦敦，在澳大利亚长大，然后到日本东京和法国巴黎接受教育。2010年开始担任"Global Dining Japan"的葡萄酒总监。内德·古德温再次来日本之前曾在美国纽约做了3年侍酒师。2010年获得了葡萄酒届最难的葡萄酒大师资格。

服务。最后是比赛。在品酒会上，就像内德先生最先说的那样，我会带着这种葡萄酒适合什么样的料理？这种葡萄酒的优点是什么？这种葡萄酒真的能在巴黎银塔（la tour d'argent）销售出去吗？等问题进行品饮。如果是面对客人，对软木塞味（Bouchonne）和氧化等劣化的确认是非常重要的要点，还必须注意使用通俗易懂的语言简洁地对葡萄酒进行描述。另一方面，比赛中的盲品（Blind Tasting）时，需要在有限的时间内尽可能多地将信息传递出去，因此必须进行分析，由此可见我们对葡萄酒的研究是完全不同的。

要根据场合有分别地使用专业的葡萄酒用语

　　用于描绘葡萄酒的词汇也完全不同吗？

　　森觉：在比赛中普遍会使用蓝莓和黑醋栗等词汇，但是由于有的客人并不知道这些水果的香气，因此，作为一名侍酒师应该在日常生活中寻找一些词汇来替代那些平时不用的专业词语。如果说"在虫笼里铺上土，放入一只独角仙，然后放入西瓜和黄瓜，它在闻西瓜和黄瓜时给人留下的印象"，这样大多数的客人都会理解吧（笑）。

　　内德：如果是MW，使用还原性和马德拉化（Maderised）等专业技术性词语也是无妨的。另外，在MW的考试中也会出现有关市场学的问题。例如，"如何向中国人销售阿根廷的马尔贝克红葡萄酒（Malbec）？"这一问题，对那些不甚精通葡萄酒的中国人，就必须寻找他们也能够理解的词汇。与应酬客人的侍酒师一样，在语言选择上要慎重。而且，如果使用非常暧昧的词语，例如，"古典的""传统的"等，还必须阐述使用该词汇的理由。要表述为"由于能感受到细腻、留有余韵的单宁，所以它是古典式酿造的葡萄酒"。如果不这样表达则会被质疑。另外，"旧世界（old world）"也不要说。往往是那些新世界的创造者带着偏见使用于法国南部的葡萄酒，"野性的""乡土气息"就比较好。当然这时也需要阐述这些词的理由，例如，"能够感受到酒香酵母"之类。

　　该如何进行品鉴的训练？

　　森觉：在比赛中一定会有盲品这一比赛项目，因此，我会让我妻子帮我选择葡萄酒，然后进行练习。由于是模仿比赛的模式来进行的，所以基本上集中在2类或3类的品种。以前，一味进行盲品，但石田先生（石田博，全日本最优秀侍酒师，在蒙特利尔世界侍酒师大赛中获得第3名）告诫我最好不要一味进行盲品。也就是说，在明确品牌的状态下，准确牢固地在头脑

中记住葡萄酒的特点是非常重要的。另外，如果是比赛，进行筛选词汇的训练也是必要的。尽管是必须用3分钟的时间来描述一款葡萄酒，但即便是回答出4种水果的名称也未必就能够得4分。回答出水果以外的香气、花和香料等才能够得高分。

　　内德：我曾经做过手的肌肉锻炼，因为必须要写好多东西，还曾研究过用什么样的笔才能写得又快又不累。不是夸张，选笔就花了一年的时间。品饮了12种葡萄酒，必须在2小时15分钟的有限时间内写13页A4答题纸。除了品鉴评论用语，还有很多需要解答的问题。例如，"1~6为同一生产者所酿造的葡萄酒，但产地、品种、年份不同。你认为它们分别是哪个品种并阐述其理由"等。这样一来，即便是品鉴12种葡萄酒，如果品饮本身不能在10分钟以内结束也是来不及的。因此，我对葡萄酒的颜色是百分百无视的。除了黑皮诺、纳比奥罗以及明显熟成的葡萄酒，其他均是无视的。其次，嗅取该酒是黑色果实还是红色果实、是温暖产地抑或是冷凉产地，然后集中到口感方面。酸味、骨架、涩味、桶的使用方法，把握了这些之后转向问题。

"使用暧昧词语时有必要附上理由"

　　森觉：在比赛方面，品鉴评论的内容与最终得出结论的葡萄酒必须具有整合性。也就是说，在该评论中提出能够特别指定的某种葡萄酒的关键词是非常重要的，但如果过于拘泥于特别指定就会与正解发生偏离，这时，评论本身发生全面崩溃的可能性会很大。因此，为了能在比赛中赚取分数，我们在进行宽泛的评论的同时，在最后的最后才特别指定某种葡萄酒。如果只听评论，既可以理解为卡本内（Cabernet）也可以理解为马尔贝克（Malbec），其中的确包含着作为正解的卡本内的要素，这样我们能够得到分数。这是最近在上次世界比赛上获得冠军的吉哈巴塞（Gérard Basset）的技巧。

普通的葡萄酒爱好者也能提高品饮能力

　　不过，对于普通的葡萄酒爱好者来说，需要具有何种程度的品鉴能力？

　　内德：普通的爱好者只会使用"易于饮用"一词，我想最好还是提高一下表达能力。仅仅一句易于饮用，没有人会知道他要表达什么吧。易于饮用大概指的是葡萄酒平衡感强，这一含义，但如果能理解平衡指的是果味、酸味、结构、单宁等各项均衡，并在此基础上能够出色表达出来，我认为这样才能够使葡萄酒变得更加有趣。

　　森觉：的确如此。如果能够在某种程度上用自己的话将自己的喜好表现出来，本人一定会觉得很快乐，即便是从服务的提供方的角度来看，也易于把握客人的喜好。这时也可以不使用黑醋栗、覆盆子、（造成软木塞味儿的）TCA、酒香酵母等词汇。去想象这位客人喝

　　内德的品饮笔记。针对一个葡萄酒会使用30个左右的词汇。上面必须有BLCC（平衡、余韵、强度、浓郁度、复杂度）这5项。由于在海外的工作也较多，因此以20分为满分进行评价。

"如果能够提高自己的表达力，会更有成就感"

森觉的评论

瑞格尔　丹魄

　　深沉的红宝石色。具有黏性的浓缩感。色调清澈无浑浊。黑醋栗、蓝莓的糖渍香气。少许的甘草、肉豆蔻的香料味。还具有土、烟草、红茶等味道的复杂度。虽有量感，但在中盘以后具有酸性、有良好的平衡性。单宁平滑。在现阶段非常美味，也有效用于转瓶醒酒（Décantage）。由于酸味是亮点，所以适合搭配西红柿沙司料理。

阿根廷鹰格堡庄七星红葡萄酒（Clos de Los Siete）

　　中心发黑的石榴石色。依然年轻、有黏性，从其浓度可知葡萄的果皮厚。浓郁的黑莓、黑樱桃的利口酒。桶香浓烈，具有香子兰、焦烬味。与空气接触后，果实的色彩增强，接着散发出巧克力、摩卡、浓缩咖啡的香气。第一感受（ATTACK）强烈，酒精与果实形成酒体。由于焦烬味是基调，因此，适合搭配用炭火烧烤的牛肉。

内德古德温的评论

瑞格尔　丹魄

　　不浓不淡的红宝石色。由此可知其非颜色变浓的厚果皮的品种。药香、樱桃、李子、甜菜、香料等香气。酸味中上，单宁中等。桶的影响不明显。余韵中等。醇和果汁味。现在喝起来很好喝，是一种应该在2年内喝完的葡萄酒。

阿根廷鹰格堡庄七星红葡萄酒（Clos de Los Siete）

　　具有咖啡、苦味巧克力以及樱桃酒的香气。还有淋湿的树叶和青椒的香气。是一款能够令人感到强烈阳光的葡萄酒。大约经过2年的桶熟成，会形成果味与单宁完全融合的干净味道结构。进行了桶内MLF。这种葡萄酒最重要的果味"瘦"（Maigre）就糟蹋了，因此，不应存放10年以上。

过与沉渣接触较长的葡萄酒，就能将瓶中熟成较长的香槟推荐给他。

内德：是的，日本人常用梅子干来表现黑皮诺的香气，但欧洲人听不懂。相反，长相思常使用的热情果（Passionfruit）香气，很少有日本人闻过这种香气，所以他们是很难理解的。因此，我觉得在这一点上针对不同的国家要持宽容的态度。

怎样才能提高普通爱好者的品饮能力？

森觉：超市呀！几乎在所有超市的入口处都摆放着蔬菜和水果等，要带着明确的意图进入超市，去闻该季节水果的香气。在夏天闻到了西瓜的香气后，要去想草莓现在是否已经上市？如果能够意识到这一点，香气就会留在记忆中。我过去经常做的事是闭着眼睛在卖场溜达，问同行的人"现在是否经过了草莓的面前"或将身边的东西拿起来闻。不过，频繁地做这样的事儿，会被当成小偷（笑）。

Riscal Tempranillo 2007
Marques de Riscal

　　丹魄葡萄为主体。使用树龄20年以上所产的葡萄。经过美国橡木桶5年熟成的VT卡斯蒂利亚和雷昂（Castilla y León）葡萄酒。

Clos de bs Siete 2008

　　由世界著名酿酒师米歇尔·罗兰（Michel Rolland）和其伙伴在阿根廷所酿造的葡萄酒。法国橡木桶熟成。马尔贝克56%、梅鹿辄21%、赤霞珠11%、西拉10%、味而多（Petit Verdot）2%。

ENQUETE

从问卷调查学习专业的品酒训练
（侍酒师篇）

侍酒师是在餐馆这种享受美食的空间以通俗易懂的语言来表现葡萄酒魅力的工作。

我们向那些在现场第一线工作、依然努力钻研的侍酒师请教了提高品鉴力的秘诀。

在他们的回答中充满了在日常生活中亦可灵活运用的启发。

寻找能够令客人高兴的信息

包括侍酒师在内，专业品鉴的目的当然并非一个。但是，在弄清葡萄酒本质的基础上，如何在餐馆提供葡萄酒？这种判断在目的当中应该占很大的比例。他们都认为站在客人的立场提供令他们高兴的葡萄酒表演是非常重要的。例如，酒杯的选择、推荐与葡萄酒相配的料理等，都包含在这种表演当中。当然，探索葡萄酒的未来前景也是很有必要的。

若要提高品鉴力，不仅仅是在品鉴的时候，还要利用日常生活中的各种机会。对在餐馆工作的侍酒师来说，厨房是不折不扣掌握香气的教材宝库。带着香料、药草、食材等实物形象去嗅闻。公园、超市、花店等越是身边的东西越会从中发现更多。从大的范畴到逐渐细化对掌握这些描述香气的词语来说是非常有效的。另外，为了磨炼自己的味道描述能力，去接触电影、绘画、音乐也会是很有帮助的。

file.1	大越基裕	银座LECRIN 侍酒师

"边嗅闻边思考气味意味着什么？"

1976年出生于北海道。曾旅居法国，2001年入职银座LECRIN。2003年在第一届JALUX WINE AWARD上获得冠军。2006—2008年再次访法。归国后，从2009年任侍酒师。2012年就任汉诺香槟大使。

Q：怎样才能学会对色彩的描述？

A：阅读色彩的专业图书。例如，宝石等，去鉴赏那些在表现葡萄酒色彩的时候可以用作比喻的事物。

Q：如何才能做到嗅辨香气并能用语言表达出来？

要始终有意识地去嗅闻自然界中的东西和咖啡等香气较高的东西。嗅闻那些被用作描述葡萄酒香气的实物。并不仅仅是嗅闻，还要进行思考。基本词汇大约需要200个。

Q：香气群是怎样划分的？

A：香气群的划分是多样的（第一、第二、第三层香气分类；还原、氧化、官方分类；香气轮盘分类），首先从大群开始掌握，逐渐细化。

Q：如何克服那些拿捏不好的香气？

A：从那些被公认为具有该香气的葡萄酒中去找出该香气，不断反复进行即可逐渐掌握。

Q：是否进行过甜味、酸味、苦味、涩味、香味等味道区分方面的训练？

A：始终进行将各个要点集中起来的训练。含咸味在内的5味再加上涩味，果味也要加以重视。再弄清各种味道在口中是如何展开的，然后考虑整体的平衡性。

Q：有哪些训练方法？

A：在时间方面，如果有可能的话最好是上午。基本上使用INAO的酒杯，倒入60mL葡萄酒。含在口中约15mL，在吐出来之前在口中含约7秒。若要掌握用于描述的词语，需要出声说出来、书写下来。

菊池贵行 | RESTAURANT SANT PAU侍酒师

"拿着菜刀感受切法不同而带来的不同香气"

1978年出生于东京。自2004年该餐馆开业时起一直任现职。当选为西班牙贸易厅主办的青年厨师培训工程的日本代表，2007—2008年旅居西班牙里奥哈。授任卡瓦骑士。

Q：怎样才能学会对色彩的描述？

A：例如加上"发紫"这一形容词给"红"这一色调赋予变化。这样容易记住，并且在转述的时候更容易使人理解。

Q：如何才能做到嗅辨香气并能用语言表达出来？

A：手持菜刀。哪怕是一个苹果，它的香气也会因种类、成熟方式、切削时的场所而有所差异。如果能用日常性的词语替换具体的香气体验，在嗅闻葡萄酒香气的时候就能够自然而然地想起它。在公园、市场（超市）、花店等场所也能学习记住香气。店里的厨房也是学习掌握香气的场所。需要基本词汇约100个。结合形容词加以使用。

Q：香气群是怎样划分的？

A：先将香气分为花、水果、蘑菇等大的群组，然后逐渐细分。

Q：如何克服那些拿捏不好的香气？

A：矿物质是曾经拿捏不好的香气。将贝壳、打火石等塞到瓶中，隔一天一闻。

Q：是否进行过甜味、酸味、苦味、涩味、香味等味道区分方面的训练？

A：利用综合平衡去观察。

Q：有哪些训练方法？

A：最好是上午，但由于开店前是较为繁忙的时间段，因此，大概是午后16点。空腹时，在杯中注入40mL葡萄酒含在口中8mL，在吐出（咽下）之前含2～5秒。有时间的时候会记在笔记本上。没有时间时就出声说出来。宛如领先选手积分牌（A leader-board）似的系统掌握。

本多康志 | RESTAURANT FARO资生堂侍酒师

"对任何事物都充满好奇，具有究其原因的意识"

1974年出生于群马县。曾经供职于东京都内的餐馆，2000年入职资生堂PARLOUR，2001年起任现职。2009年获第三届JET CUP意大利葡萄酒最佳侍酒师比赛冠军。

Q：怎样才能学会对色彩的描述？

A：在掌握了石榴石色和红宝石色等基本词汇之后，使用评鉴方面的有关图书。

Q：如何才能做到嗅辨香气并能用语言表达出来？

A：无论对待任何事情都会特别留意香气。对生活中的香气持有好奇心，并思考其原因。店里所装饰的花、厨房所用的药草、香料、食材等都会去闻一闻。

Q：香气群是怎样划分的？

A：第一、第二、第三，三层香气的分类与根据色调进行的分类。掌握了大群组的香气后，以分支的方式细化掌握。

Q：如何克服那些拿捏不好的香气？

A：很难把握和表现出来的香气是矿物质。以顶级侍酒师对香气的表现为参考，在明确后变成自己的东西。

Q：是否进行过甜味、酸味、苦味、涩味、香味等味道区分方面的训练？

A：不纠结于各个单项，观察整体的平衡。

Q：有哪些训练方法？

A：在时间方面并没有特别的限定。基本上使用INAO的酒杯，有时会使用能遮住视觉的黑色杯子。杯中倒入杯子容量3～3.5成的葡萄酒，口含约20mL。在吐出（咽下）之前含15～20秒。在脑中设置香气、色调、味道的坐标轴，对照该坐标进行补充。有时也与同事或后辈交换意见。

专业的品酒训练
（售卖店篇）

葡萄酒售卖店的采购员、店员选购售卖店里所需的葡萄酒，然后将它们售卖给普通的消费者。

我们向4名有海外学习经验的售卖店的相关人员请教了迄今为止他们的训练方法和所重视的要点。

进行了怎样的训练？	恰当的训练条件是什么？	训练后有哪些变化？
"在日常生活中也不断追求香气" 在过去也使用酒鼻子（参照31页），现在追求在每天的生活中所感受到的花草和香料等的香气，有时会将它们加入到品鉴用语中。总之，在描述一款葡萄酒的时候，我总会问自己在其他的词汇中有没有一个很精确的词能够替换？所以，我一直将注意力集中在对它们的寻找。	**"每月3次盲品。香烟和声音NG"** 频度：即便是现在依然进行每月三次的盲品，品鉴6～12种葡萄酒。 时间：葡萄酒顾问锦标赛赛前的深夜。虽然现在对时间并无有意选择，晚饭前较多。 酒杯：过去用INAO的酒杯。现在使用醴铎（Riedel）的"Ouverture"白葡萄酒杯。最在意的是香烟和声音。对香烟以外的气味不太介意。	**"能够将结果与生意联系起来"** 不仅仅是探求品种、产地、年份，现在能够将各自的结果与生意联系起来进行思考了。为了能够进行符合国际标准的品鉴，现在依然对此非常留意。
"在训练之外也喜欢用酒鼻子" 关于3点识别法和2点识别法，在品饮日本清酒时曾经接受过训练，但是在法国听课的时候，并没有进行这方面的训练、品饮。我一直喜欢使用酒鼻子，也经常将其用于训练，它也在聚会的助兴时使我大显身手。	**"午前是最理想的。试饮前30分钟节制喝咖啡"** 时间：虽然午前是最理想的，但要兼顾工作，所以是不固定的。 酒杯：通常用INAO的酒杯。大约注入30mL。口内含10mL左右含10～20秒。 吸烟等：在品饮前30分钟，对气味和味道较浓的咖啡、薄荷类食物等也会有所节制。	**"能够思考并理解色调、味道的成因"** 所要描述的要素是何种原因所带来的？对此问题的考察和理解是非常重要的。通过反复的训练，现在能够利用品鉴所得感知去分析原因并加以理解。例如，色彩的浓淡是由品种所致还是桶熟成所致？抑或是天气气候所致？对此已经能够进行具体的思考。
"使用味道的稀释液，用水果或花草的训练" 在大学曾经接受过从3个中选择不同的3点识别法及2个中选择特征强的2点识别法的训练。另一项训练是，品鉴4个味道的稀释液，按照浓度的顺序排列起来，从若干选项中找出相同味道的酒杯。还有嗅闻水果和花草等的训练。几乎不使用酒鼻子。	**"私语NG。意见交换OK"** 时间：虽然人们认为上午为好，但在当地的学校未必一定会这样做。 酒杯：在INAO的酒杯中注入40～50mL。口内含10～15mL含10～15秒。 吸烟等：从品饮前一天开始就不吃香味较强的食物。自我约束。但是，会与同伴进行与味道相关的意见交换。已经将烟戒掉了。	**"能够探究味道的成因"** 在训练之前，也许只是单纯地将葡萄酒含在口中，通过训练，对眼睛、鼻子、舌头等进行总动员，现在已经能够对葡萄酒进行分析。而且，不仅仅是感受到葡萄酒的味道，还能够对味道的成因进行思考。
"2点、3点识别法与实物水果等" 在学校的课堂上曾经接受过从3个中选择不同的3点识别法及2个中选择特征强的2点识别法的训练。除了葡萄酒的品鉴训练，还进行了利用实际的水果和酒鼻子等来捕捉香气的训练。	**"酒杯用INAO，吸烟、咖啡NG"** 时间：无特别规定。 酒杯：INAO的酒杯。酒杯中的注入量无特别规定，将葡萄酒含在口中的时间也非一定，存在红白差异。 吸烟等：不吸烟，在品鉴之前不喝咖啡。	**"能够区分出高品质的葡萄酒和有缺陷的葡萄酒"** 与训练前的最大不同是现在能够区分出正常的葡萄酒和有缺陷的葡萄酒。能彻底确认在葡萄栽培、酿造过程、流通过程中有无缺陷产生。对葡萄酒的喜欢与否、价格的公道与否交给顾客判断。其次，观察相同品种、相同产地的葡萄酒的个性、生产者的个性是否在酒中表现出来。

对品质与价格的判断也非常重要

　　在葡萄酒售卖店工作的人检查自家店里所售卖的葡萄酒有无缺陷是其工作的一大前提，首先要了解酒的品质是非常重要的。而且，不可忘记观察葡萄酒的品质与价格的平衡。虽说如此，还有人认为价格是否恰当最终应该由购买者进行判断。评价一瓶酒还需要观察土壤的个性、天气气候和熟成等自然因素，其次，还要观察生产者的个性是否表现在葡萄酒中。

　　有的人在从事这个工作之前在学校或大学就接受过品鉴的训练，但是，更现实的做法是用工作的间隙去磨炼自己的能力。训练的方法有多种，即便是训练时间，也有很多不定期的时候。训练所用的杯子一般为INAO的酒杯。

　　要考虑品质、品质与价格的平衡、向饮者进行宣传葡萄酒的个性，与既存商品、同市面上的商品的竞争性、市场定位的判断相比，葡萄酒售卖店更要求综合的品鉴力，这也是售卖店的特征。

姓名	学习了什么样的味道、气味?

大桥健一

山仁酒店 CEO
获得WSET证书之后在海外葡萄酒比赛评委和演讲等舞台上也大显身手。

❝ **在国际场合将全球化的品鉴表述与日本人的品鉴表述融合在一起** ❞

针对品种和产地等，我一直注意将符合国际标准的品鉴表述与日本人独特的品鉴表述融合起来使用，以使自己的品鉴表述能够做到独一无二。前者重要的是彻底探究外观、香气、味道的起因何在。品鉴用语增加并非是使用词汇的增加，要用更贴切的词汇替换。

针对5种基本味道（甜味、酸味、苦味、涩味、鲜味），我在取得独立行政法人酒类综合研究所认定的"清酒专业评价者"资格的时候接受过训练。还一直参加世界各地每年举办数次的葡萄酒研讨会和专项讲座，也接受过葡萄酒大师内德古德温的指导。

内池直人

Hotel La Petite Maison
经营主
高级葡萄酒顾问
1989—1990年赴法，波尔多大学特别讲座、德国葡萄酒学院等受训。

❝ **首先夯实基础，然后增加次数、频度** ❞

踏踏实实地学好基础知识，无论学习什么在这一点上都是共通的。在此基础上增加日常性品鉴的次数和频度来积累经验。切实掌握通常使用的基础词语200～300个，将它们组合起来准确使用是非常重要的。在波尔多大学的课上，会展示品鉴时所必需的化学分析数值（酒精

度、总酸度、挥发酸度等），我们学习了风味与分析值的关系。在巴黎的侍酒师学校听了用水溶液试饮4个基本味道（甜味、酸味、苦味、涩味）的讲座。培养自己在不过分紧张、充分放松的状态下集中精神进行判断的工作态度是非常重要的。

和田浩行

WINE SHOP & BAR
 BRUNNEN 经营主
葡萄栽培葡萄酒酿造学学士
1993年赴德，在盖森海姆大学（Hochschule Geisenheim University）获得学位证书。

❝ **大学毕业后，增加了实地训练** ❞

在盖森海姆大学求学期间，听了有关葡萄酒品鉴的讲座，并进行了实习。而且，与大学的课堂不同，参加了所有关葡萄酒的集会，品鉴了无数的葡萄酒，自己努力进行实地训练。在法国逗留期间，还获得了参加为取得德国葡萄酒官方许可编号（Amtliche Prüfungs-Nr.）A.P.Nr.而进

行感官评价：（Sensory evaluation）的机会。在这个官方机构的现场亲眼目睹了品鉴的过程，对自己的训练帮助很大。
在学期间就接受了识别4个基本味道（甜味、酸味、苦味、涩味）的训练，我认为品饮大量优质葡萄酒是一种最好的训练。

**和田
ROBERUTO**

chilean wine shop yuyay
店长
智利康赛普西翁大学酿造学系
智利葡萄酒、栽培、酿造、品鉴讲座第3期毕业

❝ **与葡萄酒生产商一起品饮，看清葡萄酒的缺陷** ❞

在智利康赛普西翁大学酿造学系学完品鉴课程之后，和葡萄酒生产商一起品饮，针对相同的葡萄酒，与他们共享了品鉴评论。
不仅是味道、气味，那时还一直坚持旨在能够检查葡萄酒有无缺陷（腐坏果的混入、酒香酵母的

污染、酒石头Weinstein的处理程度、有无氧化、有无还原味、是否过了熟成的顶峰）的相关训练。
还进行了识别4个基本味道（甜味、酸味、苦味、涩味）的训练。通过将自己品鉴评论与著名编辑的评论相比较，给了自己很多的参考。

专业的品酒训练
（酿酒师篇）

对酿酒师来说，品鉴能力是与自己所酿制的葡萄酒的味道密切相关，不可或缺的能力。

酿酒师要接受两个方面的训练，一种是令人愉悦的香气，另一种是令人不快的气味。

在此，我们把气味分为好的气味和难闻的气味。

进行了怎样的训练？	恰当的训练条件是什么？	训练后有哪些变化？
"以3点识别法为中心，复习要彻底" 从3个中选择不同的3点识别法（能够同时鉴定出是否已做出差异判别。连续实施2次可以排除偶然性）与2点识别法与其说是判别差异，倒不如说是在事先说明差异的同时进行对比。将味道和气味样本的水溶液装在瓶中分发给品酒者，品酒者将水溶液注入杯中进行训练。	**"如果可能的话，每天进行训练，严禁吸烟、香水、私语"** 频度：一周2次（最好每天进行） 时间：上午的后半段，11点左右。 酒杯：INAO的酒杯。注入1/3～2/5葡萄酒。 严禁吸烟、香水。在最初的品饮时严禁私语。歪头或摇头等动作也会对品鉴产生影响，因此，波尔多大学的品饮室的座席有隔断。	**"能够对气味和味道进行个别识别"** 前后完全不同。在训练之后，自己能够对葡萄酒的气味和味道进行个别识别，进而能够进行分析、把握。掌握品鉴用语、香气的生成原理以及对葡萄酒整体影响的理解给自己帮助很大，能够准确进行品鉴，并将品鉴转达给他人。但是，个人认为传递者和被传递者需要具有共同的知识。
"尝试了3点识别法和2点识别法" 3点识别法是在3个中选择特征强的、选择差异的一种品鉴方法，而2点识别法是在2个中选择特征强的。大学依据学生的评价数据进行各种气味物质的阈值设定研究。无论是味道还是气味，基本上是用溶有这些物质的水溶液进行训练，也尝试了在葡萄酒中溶入味道和气味的训练。	**"利用嗅觉比较灵敏的上午的后半段"** 频度：一周2次。 时间：上午的后半段，11点左右。（11点左右是人对香气最为敏感的时点） 酒杯：INAO的酒杯。注入1/3～2/5杯葡萄酒。 品饮过程中保持安静。	**"形成了利用时间顺序进行观察的评价标准"** 有了自己的评价基准。例如，利用"玛歌""波尔多"的定义，追加到红葡萄酒的品质方面，能够做出富有玛歌或波尔多特色的评价。由于葡萄酒品尝分析表是为按照时间顺序进行评价而编制的，因此，按照时间的经过来观察评点葡萄酒是顺理成章的。
"除了3点识别法，还用多样的方法进行训练" 利用多种方法进行训练。例如是在3个中选择特征强的、选择差异的3点识别法、在2个中选择特征强的2点识别法、从3～5个样本中选择与样本相同的或对各自不同的样本的识别等。无论是味道还是气味，均采用将溶有样本的水溶液倒入酒杯或塑料杯中进行训练。	**"试饮始终以固定的量进行训练"** 频度：第一年度每周上一次1.5～2小时的课。第二年度每周至少2次。 时间：上午10～12时，下午14～16时 酒杯：INAO的酒杯（注入量虽无严格规定,但使用可测量注入量的容器）。 虽未强制禁烟，但自己也将烟戒掉了。品饮过程中保持安静。但会活跃地进行评论共享，统一见解。	**"不再有偏差，多角度合乎逻辑"** 评价基准得到修正后，不再有偏差。不再是凭直觉去判断好坏，现在能够将酿制方法、原料多角度地结合起来，进行合乎逻辑的思考，做出准确的判断。在点评方面要求兼顾酿酒师和卖方双方的观点，这样能够消化与自己不同的他人的意见。由于经验还不够，所以还有许多需要学习的东西。
"反复利用3点识别法，修正偏差" 以3点识别法为中心。方法有从余下的2个中选择与某特征相似的，或从3点中选择与其他2个差异明显的。2点识别法会出现很多偏差，只在试图明确特别差异时使用。将溶有样本的水溶液倒入杯中来使用。在不断使用这种识别法的过程中消除个人差别。	**"戴维斯分校不进行特别的训练"** 频度：每周2次课，实习、实验每周一次。 时间：授课每周2小时。实习、实验3小时。 酒杯：品酒用酒杯。 吸烟：校方建议品饮前尽量不吸烟。为了提出小组统一的见解而活跃进行评论交换。	**"自己的评价基准不会发生特别的变化"** 知道了针对葡萄酒中的化学物质的自己本人的阈值，而且切实感受到该阈值存在个人差异。但是，由于戴维斯分校的感官评价与用分数来评价葡萄酒的方式完全不同，很难想象普遍所认为的品鉴力发生了变化。后者以个人的经验为基础，是与科学的分析似是而非的。

通过反复的训练将感觉刻入身体

感官评价（品鉴）的课程中学习栽培、酿造等基础知识是不可或缺的。在这一点上，无论是法国的DNO课程（法国国家酿酒师资格认证课程），还是加利福尼亚大学戴维斯分校的葡萄栽培及酿造学科都没有区别。

在法国，不同的大学多多少少会有些差异，但是，经过2年的反复训练，学习者会掌握品鉴的根本——基本的味道和气味等，以及用于描述它们的词语。在品鉴方面，品鉴者都很重视彼此间拥有通用语。另外，还要掌握气味和香气等在各种条件下是如何变化的，以此来磨炼对葡萄酒的品鉴力。

在戴维斯分校，他们的观点与法国完全不同，始终将重点放在感官评价的方法上。品鉴评论也不取决于个人，基本要求在小组范围内是统一的。

无论是法国还是美国，都很重视了解自己本人针对各种气味和味道的阈值以及自己与他人的差异。

姓名	学习味道与气味

岛崎大

MANNA WINE质量管理部长
SOKARIS酿制责任人
1987—1989年
修完波尔多大学DNO课程

" 掌握4种味道和100种气味是非常重要的 "

甜味、酸味、苦味、涩味是4种基本味道。甜味有葡萄糖、果糖、蔗糖和酒精。酒精也是重要的甜味成分。各种糖的浓度即便相同，但人对甜味的感受方式却有所不同，我们要了解浓度所带来感觉上的不同。酸味方面要进行来自于葡萄的酒石酸、苹果酸及来自于发酵的乳酸、琥珀酸、醋酸的训练。不仅要抓住各种味道的特征，还要了解自己的阈值，并且要努力降低该阈值。

单体的气味物质与天然的气味加起来约有100种（前者占压倒性多数）。每次都会将溶有此前所掌握的气味的水溶液分配给学员，问我们这是何种味道，有时还会改变浓度进行复习。

渡边直树

SUNTORY D登美之丘
WINERY
总技师
1992—1993年
修完波尔多大学DNO课程

" 参考老师的评述表达，识别50种气味物质 "

甜味、酸味、苦味、涩味是4种基本味道。但是，现在，波尔多大学将鲜味也加在其中了。甜味有葡萄糖、果糖、蔗糖和酒精4种。在酸味方面，我们要掌握酒石酸和苹果酸等6种酸的本质及各自的强度。了解自己对各种味道的阈值。

针对约50种的单体气味物质，我们要知道各种气味物质的特征（例如：让学生分别确认乙醇这种物质的草汁般的香气）。通过品鉴葡萄酒来共享老师的评述表达是训练的主体。

佐佐木佳津子

农乐酿酒师
2006—2008年
修完勃艮第大学DNO课程

" 学习了含鲜味在内的5种味道与约120种气味 "

掌握葡萄和葡萄酒中所含的味道。甜味、酸味、咸味、苦味涩味、鲜味是5种基本味道。苦味和涩味归置为一。单宁来自于葡萄及木桶。甜味有葡萄糖、果糖、蔗糖等。酒精也属于甜味。酸味方面要进行酒石酸、苹果酸等6种酸的训练，对那些被认为会给酿造带来缺陷的酸也要进行训练。不仅要抓住各种味道的特征，还要了解自己的阈值。

以酒鼻子（参照31页）为基础，学习约120种气味。还要将实物水果、植物与酒鼻子的样本进行比较。在每次课上，用10～20个标本瓶来复习此前掌握的气味。

相泽 KAORU

V&E顾问主管
2006—2008年
加利福尼亚大学戴维斯分校
修完葡萄栽培及酿制学专业

" 并没有进行有关特定气味和味道的训练。重要的是稳定的评价方法 "

虽然有感官评价的课程，但课程的目的是让学生掌握分析方法、评价方法。对于味道、气味的感受存在个人差异，因此，在此前提下，并没有以掌握特定味道、气味为目的而训练。学校更重视发挥个人独特的表达方式。不过，了解自己的阈值也包含在课程范畴之内。在提交小组的统一评价时，要反复修正自己与他人在感受方式上的差异。

香气轮盘仅在最初的课上介绍过，也没有所谓的品鉴用语集。尽管学校准备有气味工具箱，但也只不过是参考，学生们自带生吃的药草和干果等用于对气味的确认。即便上课，21岁以下的学生也并不将葡萄酒含在口中。

品鉴葡萄酒
Beaune 1er Cru Les Theurons
Domaine des Heritiers Louis
Jadot 1995

外观为明亮的石榴石色，
呈现出淡淡的橙色酒缘(Rim)，
整体散发着新鲜香气（Fresh），
成熟的蜜柑和李子的果香构成香气的基调。
淡淡的桂皮般的芬芳香气，
鞣皮、蘑菇以及土的陈酿香使香气变得深远，
增添了味道的复杂性。
味道鲜活生动，
能够令人感受到酒精所带来的辛辣。
较高的酸味、中等程度的单宁结构有少许的石灰质感，
呈现出整体的协调性。
凝缩感及滑润的口感使该酒余韵悠长。
呈现出蜜柑、泥土气息的风味。
是一款物超所值的高品质葡萄酒，
尽管目前是可充分乐享的状态，
但若能保持口感质地的年轻活力，
今后6～9年仍能感受到其在不断熟成。

售卖店 代表
大桥健一
山仁酒店董事长

侍酒师 代表
大越基裕
银座LECRIN 首席侍酒师

充满明亮光泽的外观，呈现出稍浓的麦秆色。
香气在初期稍硬，有明显的耿直感，但其内蕴含着刚强。
桂皮、白胡椒、率直的矿物质、白花。沏或泡成的浸液（如茶等）、轻柔的榛仁等彰显年轻朝气的香气交织在一起。
复杂的香气随时间而弥散。
味道细腻高雅，始于拥有柔软与洒脱质感的第一感受(ATTACK)，
漂亮成熟的果实感与格调高贵的风味。
在后期重点突出的是酸味构成的味道。
矿物质味包容了味道的所有因素，而且味道在此后会进一步发散。
在目前阶段即可充分令人受用，
3～5年后会进一步升华，
8年后仍可令人乐享其中的强劲葡萄酒。
该款葡萄酒的鲜明性、一贯性、干花和矿物质香气的持续性等尤其精彩出色。

品鉴葡萄酒
Chevalier Montrachet Grand Cru
Les Demoiselles
Domaine des Heritiers Louis Jadot
1983

杂志公开！

专业的
品鉴论评

葡萄酒大师、侍酒师、酿酒师以及售卖店的各位人士向我们传授了品鉴力的训练术。那么，经过千锤百炼的他们实际上写下了怎样的品鉴评论呢？在此列举出两个实例。我们以此来研究专业的品鉴评论是如何构成的。顺便说一句，这个评论是对2012年4月上旬勃艮第路易亚都酒庄（Maison Louis Jadot）的技术总监督的积奇乐狄尔（Jacques Lardiere）访日时所带来的葡萄酒所做的宝贵评论。

COLUMN

是否有令人不快的气味？①

狐臭味、软木塞味、还原味以及青草味均是令人不快的气味。
这些气味是从何而来的？
并且，为什么会令人不快？

葡萄品种与香气

❙ 红葡萄酒有时可见的青草味是如何产生的？

🅐 作为品种特征，赤霞珠、品丽珠、长相思等有青椒味。人们认为青椒味的本来面目是葡萄中氨基酸所合成的甲氧基哌嗪类物质。葡萄果实的颜色开始转变时，该物质在葡萄中的含量达到峰值，随着葡萄的成熟开始逐渐减少。葡萄粒，尤其是果皮中含有该物质，但是，如果从整串葡萄来看，果梗中的含量过半，所以那些对此较为敏感的生产者在除梗工序上会处理得非常细致。一般情况下，这种气味在波尔多系列品种上表现得很明显，实际上，据说黑皮诺、琼瑶浆、霞多丽、雷司令也含有这种物质。

❙ 美系品种中的所谓狐臭味到底是怎么回事？

🅐 据说诸如狐臭葡萄（fox grape）等美系品种（美洲种，Vitis Labrusca）所制作的葡萄酒有一种被描述为毛皮般香气或糖果香的狐臭味。人们认为这种气味来自于一种名为邻胺基苯甲酸甲酯（Methyl anthranilate）的物质。从浆果类果实、草莓、覆盆子等的气味中可以感受到该物质的存在。这种物质在黑皮诺中也有极微量存在，那时给人的印象不是狐臭味，有点类似草莓、草莓酱、煮好的覆盆子的味道。另外，呋喃（furaneol）和邻胺基苯甲酸甲酯以及其他的物质似乎也与美系品种的气味有关。

红葡萄酒的味道

❙ 软木塞味的本来面目、原因何在？

🅐 锈霉味大多被称作软木塞味，其本来面目是三氯苯甲醚（TCA、trichloro anisole）。霉是一种微生物，萌生在软木塞上而形成三氯苯甲醚，三氯苯甲醚进入葡萄酒中后产生锈霉味，不过似乎还有其他原因。例如，TCA的前驱物三氯苯酚（trichlorophenol）。它是在葡萄中生成的，在容易发霉的条件下发生变化时或酒桶等用于酿制葡萄酒的木质材料进行加工时所用的氯系杀菌剂（三氯苯酚）会残留在表面或内部，与霉菌的产生条件叠加而发生变化。TCA未必仅是软木塞发霉的诱因。

❙ 还原味是一种什么样的气味？

🅐 还原味常被比喻成臭鸡蛋、大蒜、金属性香气等，它是一种含有硫黄的物质。还原味的产生主要与酒精发酵过程中的酵母和酵素等有关，但其生成机制尚不明了。这种还原味有两种类型，一种是小分子轻型，另一种是大分子重型。前者有氢化硫、甲硫醇等，但是，人们认为果汁中的氮不足也是一个比较大的原因，除渣或通过与空气接触似乎能够减轻气味。与此相对，甲醇是后者的典型。它一旦产生，几乎不可能从葡萄酒中消除。

WSET在世界各地的55个国家设有分校。图片为香港葡萄酒博览会所举办的研讨会。与会者在认真听讲。

通过品鉴来鉴定高品质葡萄酒

所感受到的特征是缺陷还是个性？

英国的葡萄酒学校WSET创立于1969年，其建校的主要目的是培养从事葡萄酒商业的人才。该学校倡导遵从体系流程的系统品鉴。WSET的总监、葡萄酒大师安东尼·莫斯（Antony Moss）按照这种品鉴方法为我们指出了鉴定葡萄酒品质的要点。

安东尼·莫斯
Antony Moss
WSET（wine & spirite Education Trust）研究开发部门总监。物理和哲学硕士学位。2004年进入WSET。2008年开始任现职。负责葡萄酒教育者的训练课程的开设筹备等WSET新文凭课程的创立。2011年获得葡萄酒大师专业认证。作曲是其爱好，亦具有与专业相媲美的实力。

系统的品鉴大致分两种。一种是客观表述葡萄酒。我们要捕捉葡萄酒的外观、香气，还包括余韵等含在口中的味道，进行客观地描述是非常重要的。另一个是对葡萄酒做出评价。在对产地、品种、葡萄酒的价格等进行确认的同时，对品质以及适饮期、与食物的匹配性做出评价。

并非用YES/NO来评价，而是看清其程度

即便是系统品鉴，若品鉴的目的是鉴定酒的品质，需要检查的要点则与普通的品鉴不同。

如果产地和葡萄酒的酿制时代不同，葡萄酒的风格很可能会完全不同。虽说如此，还有很多是超越产地、时代来比较葡萄酒的品质的，因此，应该有一个适应所有葡萄酒的品质评价标准。

说起葡萄酒的品质，实际上，葡萄酒含有各种各样的要素。平衡性、味道和风味的复杂性以及葡萄酒表现当地的品种特性的程度、品种特有的传统酿造方式等。

这些品质评价并不是用YES或NO就能回答的，它是一个"程度"问题。例如，即便是木桶的风味，在葡萄酒的味道方面，并不是"是否融入在内"，而是溶入的程度，观察这种程度是非常重要的。进而，能够反映品质的多种要素也并非始终利用相同的尺度就能评价的。正因为如此，对葡萄酒品质的整体评价需要对这些要素进行综合性判断。

在品鉴时，消除若干要素，将一些要点集中起来，进行比较之后做出评价。首先编排出外观、香气、味道的顺序后按顺序进行观察。需要注意的是葡萄酒的外观、香气、味道等要素中未必一定都表示品质。有的要素还会表示葡萄酒的特性，希望大家对此有所注意。那么，在葡萄酒的外观、香气、味道中哪些表示品质？哪些表示个性呢？我们来观察一些吧！

CHECK POINT » 1

根据外观可知的
高品质葡萄酒

			高	⊕
1.	清澈度	透明度高？	高	⊕
			低	⊖
2.	光泽	酒圈是否光泽？有无混浊？	高	⊕
			低	⊖
3.	色调	与根据葡萄酒的已过年数、产地、品种可预想的色调相比较，褐变的进展状况是否适当？	高	⊕
			低	⊖
4.	浓度	与根据葡萄酒的已过年数、产地、品种可预想的色调相比较，色彩的颜色强度是否适当？	高	⊕
			低	⊖

对清澈度、光泽、色调的浓度进行评价。在外观上首先应该判断是否有缺陷。基本上，透明度的高低、光泽的强弱、产地、与已过年数相称的色调和颜色强度达到何种程度？这些要素表示品质的高低。但是，与品质相比，外观的差异还多表示生产者自己的个性，对此要加以注意。

CHECK POINT » 2

根据香气可知的
高品质葡萄酒

1.	缺陷香味	有无异味（表示软木塞味的TCA、挥发酸、氧化味）？	High ⊕	Low ⊖
2.	明了性	是否能清楚地感到香气	High ⊕	Low ⊖
3.	协调	是否溶入了桶香、第二、第三层香气？	High ⊕	Low ⊖
4.	复杂性	果香是否复杂？还有无其他香气？	High ⊕	Low ⊖
5.	表现力	是否充分表现出品种及其地区的个性？	High ⊕	Low ⊖

首先检查有无令人不快的气味，其次，观察香气的明了性、协调性、复杂性、表现力。香气也存在品质与个性的区别。香气的强度和浓度是个性问题，香气的融入程度、平衡度、复杂性以及表示品种特性和地区个性的程度等表现力的程度表示葡萄酒的品质。

*表内的+为获得高评价的情形，有时表示未经评价。无论哪一种表现出来的特征有可能表示"生产者有意而为的个性"，因此，针对葡萄酒的品质，要避免做出操之过急的判断。

仅凭借外观的判断对葡萄酒的品质进行鉴定是非常困难的

从根本上来说，在观察外观的时候，首先应该做的是观察葡萄酒是否有缺陷，对其征兆进行检查。

按照透明度、光泽度、褐变、色调的浓度、鲜艳程度的顺序进行观察。针对后面2点，对照葡萄酒的已过年数、产地以及品种来对其程度进行判断是非常重要的。另外，不要仅凭外观就得出结论，最好在综合香味和味道等的评价结果之后得出结论。

虽说如此，仅凭外观就判断其是否优质，事实上也是很困难的。这也是因为与品质相比，外观大多表示葡萄酒的个性和年份等的差异。我们以透明度为例，有的生产者一贯采用无过滤、无澄清的酿制方式，其透明度不折不扣地表示生产者的特点。另外，色调和透明度均会因瓶熟成期间和桶熟成期间的长短而发生变化。

氧化味和桶香均应该在观察程度的同时进行嗅闻

其次是香气。首先要弄清有无异味（令人不快的气味）。但是，需要注意那些多被视作异味的氧化味。最近，有的生产者有意进行氧化式酿制或采用马德拉化，这样的气味表示葡萄酒的个性。

接下来是观察香气的强度、桶香、第二、三层香气融入到香气中的程度。各种香气的强度是个性的问题，未必是品质的反映，对此要多加留意。各种要素融入到葡萄酒中的程度是此处所注目的要点。

例如，用霞多丽酿制的葡萄酒，使用木桶来酿制上等葡萄的可能性很大，大多能够感受到香子兰和咖啡等来自木桶的风味。但是，这也是葡萄酒的特点问题。是用什么样的桶或使用到何种程度与品质并不直接相关。反过来，香气并不单纯、针对那些品种特

根据味道可知的葡萄酒的品质与特点

1. 协调
甜、酸、酒精、单宁、果味木桶的风味、第二、三层香气是否溶入到味道中？
高 ⋯ ➕
低 ⋯ ➖

2. 整体的平衡
甜、酸、酒精、单宁、果味木桶的风味、第二、三层香气是否均衡？
高 ⋯ ➕
低 ⋯ ➖

3. 余韵
余韵是否悠长、复杂？
高 ⋯ ➕
低 ⋯ ➖

4. 浓郁度
风味是否浓郁？
高 ⋯ ➕
低 ⋯ ➖

5. 突出的要素
是否有打破平衡的某些要素？（浸皮、桶、来自葡萄疾病的苦味等）
高 ⋯ ➕
低 ⋯ ➖

6. 表现力
风味、质感、糖度、酸、酒精、单宁的高低是否充分反映了品种和产地的特征？
高 ⋯ ➕
低 ⋯ ➖

是否溶入了各种味道要素、从葡萄酒整体来看的味道的平衡程度、余韵的长短和复杂程度、浓郁度和表现力的程度等会反映葡萄酒的品质。另外，还要注意有无打破味道平衡的突出要素。关于浓郁度是粗线条浓缩的味道还是轻盈细腻的味道为个性问题。在此也要将品质和个性进行区别考量。

不同品种的检查要点

1. 霞多丽
桶的风味与果味是否平衡？
YES－○
是否其有霞多丽独特的华丽质感？
NO－○

2. 长相思（新世界）
是否令人联想到青草、青椒等吡嗪类青草味儿香气？或令人联想到百香果、猫尿等硫醇类充满热带风情的香气？
YES－○
头香所感受到的上述香气在口中是否有紧实感？
YES－○
这些香气是否新鲜？
YES－○

3. 赤霞珠
因葡萄成熟过度而导致果酱般的黑色系果味增强，品种特有的个性很难呈现出来。
NO－○
葡萄未成熟而导致葡萄酒缺乏果味，味道变得生硬。
NO－○

4. 黑皮诺
口中是否令人联想到该品种的最上等葡萄酒所拥有的如天鹅绒般丰腴之感。
YES－○
因果味过度的木桶风味而导致果味被掩盖。
NO－○
风味新鲜，呈现出如花般的风味和品种特有的个性。
YES－○

　　明显、知名度较高的品种所酿制的葡萄酒，在按顺序对各要素进行评价之前，有几个值得注意的检查要点。如果是霞多丽，需要注目木桶风味与果味的平衡以及华丽的质感。长相思要检查品种特有的香气。对赤霞珠要针对果味是否有过于成熟的倾向或是否未成熟进行评价。若是黑皮诺，在观察口中丰腴之感和品种特色风味的同时，还要注意木桶风味是否过于强烈。

性是否有层次或是否是多方面的等，弄清其复杂性对品质评价来说是非常重要的。另外，该香气将品种和地区个性表现到何种程度也是品质的反映。另一方面，葡萄酒是否在先期就出现了果味或是否有来自沉渣、丙乳酸发酵、木桶以及熟成过程中所产生的香气，这也是style问题。进而，果实风味的成熟程度也是如此。

味道的重要性

　　味道是比外观、香气更值得考虑的要素。甜味、酸味、酒精度数、单宁、果味、木桶风味以及第二、三层香气在味道中的融入程度，这些要素在整体上的平衡程度等，弄清这些问题在品质评价方面是非常重要的。另外，风味较弱的葡萄酒很少是上等的葡萄酒，但是，那些风味和味道凝缩到超过一定水准的葡萄酒，与凝缩感相比，平衡更能反映酒的品质。也就是说，即便是充分凝缩的葡萄酒，如果缺乏平衡，也不能称之为上等葡萄酒。

　　另外，在果味、木桶风味及第二、三层香气等要素当中，哪一个为主体？进而，甜味、酸味、酒精度数、单宁等要素中哪个构成味道的骨骼？这也表示葡萄酒的个性。还要注意是否有浸皮、与木桶的接触、病果的影响等打破平衡的要因。

　　而且，将葡萄酒咽下去或吐出来之后，余韵的长短和味道的复杂程度反映酒的品质。

　　最后，针对清楚地表现出品种特性且知名度较高的葡萄酒，在评价其品质的时候，有几个在最初就需要注意的要点。霞多丽、长相思、赤霞珠、黑皮诺属于此类葡萄酒。在上面已经列举出各要点，以供参考。

其本来面目是具有气味的分子

人们认为所谓气味的本来面目指的是能够令人感到气味的分子（气味物质）。的确如此，既然我们能够闻到气味，当然就存在该"物质"。世界上存在超过200万种的分子，但并非所有的分子都有气味。有气味的，换句话说能够令人感受到气味的分子大约占五分之一即数十万种。

这些分子在空气中飘荡，会抵达我们鼻子中的嗅上皮部位。嗅上皮分布有嗅神经细胞，进入鼻中的分子会与嗅神经细胞中的受体蛋白质结合在一起。于是，有关气味的信息被输送至脑后，我们便能够感知是什么样的香气或臭气。

令人感受到气味的分子具有以下性质。首先，分子的大小是固定的。在空气中飘荡的分子的大小（也称分子量）在固定量以下。如果分子的大小超过固定量，就会变得过重而无法在空气中飘荡，也就不能进入到鼻中。顺便说一句，分子变得越大气味越微弱，最终会变成无味。虽说如此，就像最小的分子是氨（分子量17），最大的分子是吲哚羟基香草醛（分子量389）一样，分子的大小差异很大。第二，具有挥发性。某物质必须在汽化的状态下，分子才能在空气中飘荡。也就是说，令人感受到气味的分子变成容易发生汽化的具有较高挥发性的物质。第三个性质是易溶性。令人感受到气味的分子中大多数可溶于油，并且，很多分子在某种程度上还溶于水。

利用化学方程式
解读葡萄酒的香气

品鉴时，我们用鼻子嗅闻"气味"来感知各种各样的香气或臭气。气味的本来面目究竟是何物？葡萄酒中所含的气味具体是何物？是什么成分决定气味的关键？
东京大学农学生命科学研究科的渡边秀典教授给我们进行了解答。

气味特征的胜负手

那么，这种分子会变成什么样的气味呢？有两个要素是决定气味的关键。

一个是分子的大小和形状。打个比方，分子与该分子在鼻中结合的受体蛋白质就宛如钥匙与钥匙孔的关系，如果分子套入与其形状和大小相吻合的受体蛋白质，电子信息就会被输送至脑。也就是说，一把钥匙开一把锁，如果输送至脑的信号不同，进而人所感受到的气味也会发生变化。

另一个是分子中所含的官能团（functional group），它是碳（C）、氢（H）等特定元素的集合体，各个分子所具有官能团的决定气味的特征。

官能团的位置

气味的性质会因分子结构中的官能团的附着方式而发生变化。气味给人的印象因所附着官能团的位置、立体的分子结构、分子的长度而变化。

例如，在85页将要说明的芳樟醇（Linalool）和香叶醇（Geraniol）。均是附着有羟基和双键的分子，但两个官能团的位置不同。虽然均含有共通的官能团、给人留下相同的"花"的印象，但前者是薰衣草和玫瑰的气味，而后者是天竺葵的气味，气味印象是不同的。顺便说一句，亚历山大麝香（Muscat of Alexandria）葡萄所酿的葡萄酒中含有芳樟醇。

何谓官能团？

塑造物质的气味特征

所谓的官能团指的是关注化学性特征或产生何种化学反应而分类的原子（元素）的集合（原子团）。例如，酒精类是羟基（–OH），酯·内酯类是各个分子内具有被称作酯基（–COOR）和内酯（–CO–O–）的官能团（参照85页图表）。分子内的官能团的种类不同，该分子即物质便具有各种各样的性质，进而也塑造了物质的气味性质的特征。例如，1–乙醇和2–己酮均是以6个连接在一起的乙烷为母核（乙烷为基础），附着的官能团有所差异。1–乙醇的母核附着有羟基，形成干净、新鲜印象的酒精味，己酮附着有羧基，给人以类似黏合剂等有机溶剂的印象，气味的性质也产生不同。

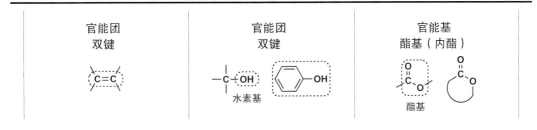

官能团的种类	官能团有数十种。此处列举在决定气味方面起决定作用的官能团中与葡萄酒的气味分子有关的官能团。例如，内酯是具有特殊形状的酯基（分子内酯），产生具有自己特征的甜气味，大多以此来加以区别。

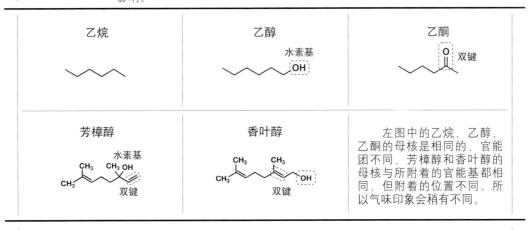

官能团的种类和位置差异	这些官能团附着在分子的部位（位置差异）或附着方式（几何学上所见的差异等）会使该分子的气味印象不同。有的官能团对气味几乎不产生影响。

气味强度的由来

　　分子的气味强度也受分子自身挥发性的影响。如果该分子容易汽化、在空气中飘荡的浓度升高，相应地就会有很多的分子到达鼻中的嗅上皮。挥发性不仅能决定该分子的大小，还能左右分子的形状。

　　进而，气味的强弱还会影响我们的鼻子对各种官能团的感受性。既有鼻子的感受性非常敏感的官能团，也有感受性较弱的官能团。例如，硫醇这一物质即便是极低的浓度，其气味也会令人感到不快。在日常生活中，人们为了能够迅速发现煤气泄漏，作为除臭剂会添加少量的乙硫醇就是基于这个原因（被表述为"臭煤气味"的气味并不是煤气本身，而是添加的硫醇的气味）。

葡萄酒的气味是复合气味

　　葡萄酒中含有500多种气味物质，各个物质所含的浓度不同（酒约有200种，咖啡约580种）。但是，所含的每种气味物质给人的印象并不会原封不动地直接成为葡萄酒的气味印象。嗅闻葡萄酒后，有时即可隐约地感知到物质A，也能强烈地感觉到物质B。并且，A、B、C等复数的气味物质有关的信息是综合在一起来决定葡萄酒的气味印象的。换句话说，所感知到的气味物质的种类、量（浓度）及它们的组合搭配，有时会决定葡萄酒或食物等给人的印象，既可能是芳香的，也可能是恶臭的。

葡萄酒内的气味物质清单

我们以23页的香气轮盘为基础筛选
出葡萄酒内所含的气味物质，
在此按照官能团进一步对其分出组群，
编制了葡萄酒中气味物质清单。
从葡萄酒中探求这些气味的一斑。

▼
分子式的看法

首先要注意分子结构的大小。其次观察官能团附着在分子式的位置。即便是同类分子也要仔细观察官能团附着方式的相同点和不同点。另外，分子式中出现的"R"表示烷基链（链状相连的烃基）。

▼
清单的看法

按照气味物质所具有的官能团进行编排。某物质具有复数官能团时，按各自官能团类别进行列出。记录有分子式、香气的印象（何种气味）、蕴含该气味的品种、形成过程等相关信息。

监修：渡边秀典（东京大学教授）合作：佐佐木津子

以分子集合体的形式来捕捉气味

在有机化学世界，有时利用官能团将一系列散发气味的分子分成群组。下表是利用同样的手法将气味物质分门别类之后所制作出的清单。在清单中标记了气味物质的散发方式、蕴含该气味的物质、蕴含该气味的葡萄品种。如果能够实际嗅闻这些物质来积累经验，在品鉴时一定会增加探寻气味的手段。

物质名称/分子式	关于气味的描述	特征	第一、二、三层香气	含气味物质的品种	备考
官能团1 双键类　C=C 双键		官能团（双键）。具有双键的类别。物质稍硬，有金属性气味的倾向。双键具有使其他的官能团的气味发生变化或使其更丰富的效果。			
芳樟醇	玫瑰、蔷薇木、橙子	薰衣草精油中含量较多。如花般的气味	二	麝香葡萄系、阿尔巴利诺（Albari·o）、雷司令、密斯卡岱、琼瑶浆、灰皮诺、米勒·图高（Müller-Thurgau）、甲州等	官能团：双键、羟基。葡萄中所含。在酵素的作用下，变化成散发气味的分子
香茅醇	柠檬	蔷薇水的气味。香茅精油中所含	二	麝香葡萄系、阿尔巴利诺（Albari·o）、雷司令、密斯卡岱、琼瑶浆、灰皮诺、欧塞瓦（Auxerrois）、米勒·图高等	官能团：双键、羟基。葡萄中所含。在酵素的作用下，变化成散发气味的分子
橙花醇	玫瑰	酸橙花的精油（橙花油）中所见	二	麝香葡萄系、阿尔巴利诺（Albari·o）、雷司令、密斯卡岱、琼瑶浆、灰皮诺、欧塞瓦（Auxerrois）、米勒·图高等	官能团：双键、羟基。葡萄中所含。在酵素的作用下，变化成散发气味的分子

物质名称/分子式	关于气味的描述	特征	第一、二三层香气	含气味物质的品种	备考
香叶醇	玫瑰、天竺葵	天竺葵精油中所见。玫瑰精油中也含	一	麝香葡萄系、阿尔巴利诺（Albari·o）、雷司令、密斯卡岱、琼瑶浆、灰皮诺、欧塞瓦（Auxerrois）、米勒·图高等	官能团: 双键、羟基。葡萄中所含。在酵素的作用下，变化成散发气味的分子。其名与天竺葵有关
β-大马烯酮	花、南国系水果、苹果蜜饯、玫瑰、花香	大马士革蔷薇精油中所见的微量成分。量小也具有较强的甜味	一	霞多丽、赤霞珠、施埃博(Scheurebe)、麝香葡萄、密斯卡岱、甲州等	官能团: 双键、酮基。葡萄中所含。在酵素的作用下，变化成散发气味的分子
β-紫罗兰酮	紫罗兰	紫罗兰花的精油成分	一	白色系品种、麝香葡萄等。红色系品种中也有存在	官能团: 双键、酮基。葡萄中所含。在酵素的作用下，变化成散发气味的分子
1,1,6-TRIMETHYL-1,2-DIHYDRONAPHTHALENE	卫生球、灯油味儿	汽油香	一	雷司令等	官能团: 双键、芳香环。因熟成(尤其是条件良好的瓶熟成)而产生。葡萄中所含的母体物在酿制过程中或贮藏过程中发生缓慢的变化
青叶醇	青叶、草莓的蒂	如同其名，搓揉植物的叶子时的气味	一		官能团: 双键、羟基。除梗等葡萄的处理方式所带来的变化增大，产生作用所致。别名顺-3-己烯-1-醇
呋喃酮	草莓、奶糖、果实的甜味	草莓酱般的甜味	一	美系品种、欧系品种、所有葡萄品种	官能团: 双键、羟基、酮基、醚基
松茸醇	蘑菇、松伞蘑、松口蘑、泥土气味	松茸所具有的会令人联想到潮湿朽木的气味	二,三		官能团: 双键、羟基。酿制、熟成过程中所产生的气味。别名1-辛烯-3-醇
乙烯基愈创木酚	康乃馨	红瞿麦系气味	二,三	所有白葡萄酒	官能团: 双键、芳香环、羟基。被称作苯酚的气味

物质名称/分子式	关于气味的描述	特征	第一、二、三层香气	含气味物质的品种	备考
葫芦巴内酯	胡桃、咖喱、蜂蜜、焦糖般的甜味	浓度较低时为黑糖糖浆般的气味，较浓时会变成咖喱粉般的气味	二, 三		官能团: 双键、羟基、酯基/内酯。受个性的酵母和熟成方式的影响较大
3-己烯醛	叶子捣碎后的新鲜青涩	该气味令人联想起西红柿的青涩味		密斯卡岱	官能团: 双键、醛基
2-己烯醛	青苹果	该气味令人联想起水果的那种清爽酸味		密斯卡岱	官能团: 双键、醛基
1,5-辛二烯-3-醇	金属性气味	与松茸醇相似，但有如握过铁棒的手的气味			官能团: 双键、醛基
2,6-壬二烯醇	黄瓜、甜瓜				官能团: 双键、醛基
2,6-壬二烯醇	黄瓜、甜瓜	新鲜水灵的黄瓜般的气味			官能团: 双键、醛基
▼ 官能团 2　芳香类 苯环　呋喃环　吡咯环　吡嗪环					官能团（芳香环）。种类较多，本表介绍左边的4种芳香环。拥有其中一个即为芳香类。物质散发出卫生球般的气味。
1 ,1,6-TRIMETHYL-1,2-DIHYDRONAPHTHALENE	卫生球、灯油味儿		—	雷司令	官能团: 双键、芳香环。因熟成(尤其是条件良好的瓶熟成)而产生。葡萄中所含的母体物在酿制过程中或贮藏过程中发生缓慢的变化

物质名称/分子式	关于气味的描述	特征	第一、二、三层香气	含气味物质的品种	备考
乙烯基愈创木酚 	康乃馨	红瞿麦系气味	二,三	所有白葡萄酒	官能团:双键、芳香环、羟基、醚基。 被称作苯酚的气味
2-甲氧基-3-仲丁基吡嗪 	青椒、牛蒡	青椒、牛蒡所拥有的稍苦泥土般的气味	一	赤霞珠、长相思	官能团：芳香环、醚基、氨基
其他的吡嗪类 	青椒、土、芦笋、熏烤	该气味成分大多出现在食品的烘焙时。多会令人联想到坚果	一	长相思、赤霞珠、品丽珠、梅鹿辄、黑皮诺、琼瑶浆、霞多丽	官能团：芳香环及其他。葡萄皮中含量较多。在气候不稳定的年份含量较多。含量与葡萄成熟度成反比
甲氧基苄硫醇 	打火石、烟雾	若单独存在则会令人感到不快	一	霞多丽、长相思、赛美蓉、梅鹿辄、赤霞珠	官能团：芳香环、氢硫基/硫醚基。（尤其是打火石的气味）受土壤的影响较大
醋酸苯乙酯 	玫瑰、蜂蜜	类似玫瑰花的气味	二,三	全部	官能团：芳香环、酯基/内酯
苯醋酸 	动物、蜂蜜	该气味令人想起动物的体臭	二,三		官能团：芳香环、羧基
乙基愈创木酚 	烟熏、香料	该气味令人想起熏制品	2,3	所有红葡萄酒	官能团：芳香环、羟基、醚基。 被称作苯酚的气味
糠醛 	面包的内侧、砂糖的焦煳味儿	该气味令人想起麦芽	二,三	密斯卡岱	官能团：芳香环、醛基、羟基

物质名称/分子式	关于气味的描述	特征	第一,二,三层香气	含气味物质的品种	备考
香草醛 CHO OCH₃ OH	香子兰	出现在香子兰豆表面上的白粉即为香草醛。该气味直接反映香子兰特征	二,三		官能团：芳香环、羟基、醛基、醚基。受木桶的影响很大
苯乙醇 OH	干玫瑰	该气味令人联想起用作百花香（干燥的花瓣加香料，用于熏房间）的玫瑰	二,三	密斯卡岱、甲州所有品种	官能团：芳香环、羟基
糠基硫醇 SH	咖啡	咖啡的特征性气味成分			官能团：芳香环、氢硫基/硫醚基
辛酸苯乙基 CH₃ O	花、白兰地				官能团：芳香环、酯基/内酯
吡咯 N H	腥味				官能团：芳香环、氨基
▼ 官能团 3　酒精类 —C—OH　　OH -羟基					官能团（羟基）。具有羟基的类别为酒精类。物质散发出酒精的气味。
芳樟醇 CH₃　CH₃ OH CH₃	玫瑰、蔷薇木、橙子	薰衣草精油中含量较多。如花般的气味	—	麝香葡萄系、阿尔巴利诺、雷司令、密斯卡岱、琼瑶浆、灰皮诺、欧塞瓦、米勒·图高、甲州	官能团：双键、羟基。被称作苯酚的气味
香茅醇 CH₃　CH₃ CH₃ OH	柠檬	蔷薇水的气味。香茅精油中也含	—	麝香葡萄系、阿尔巴利诺、雷司令、密斯卡岱、琼瑶浆、灰皮诺、欧塞瓦、米勒·图高	官能团：芳香环、醛基、羟基。葡萄中所含。在酵素的作用下,变化成散发气味的分子

物质名称/分子式	关于气味的描述	特征	第一、二、三层香气	含气味物质的品种	备考
橙花醇	玫瑰	酸橙花的精油（橙花油）中所见	一	麝香葡萄系、阿尔巴利诺、雷司令、密斯卡岱、琼瑶浆、灰皮诺、欧塞瓦、米勒图高等	官能团：双键、羟基。葡萄中所含。在酵素的作用下，变化成散发气味的分子
香叶醇	玫瑰、天竺葵	天竺葵精油中所见。玫瑰精油中也含	一	麝香葡萄系、阿尔巴利诺、雷司令、密斯卡岱、琼瑶浆、灰皮诺、欧塞瓦、米勒图高等	官能团：双键、羟基。葡萄中所含。在酵素的作用下，变化成散发气味的分子。其名与天竺葵有关
青叶醇	青叶、草莓的蒂	如同其名，搓揉植物的叶子时的气味	一		官能团：双键、羟基。除梗等葡萄的处理方式所带来的变化增大，产生作用所致。别名顺-3-己烯-1-醇
呋喃酮	草莓、奶糖、果实的甜味	草莓酱般的甜味	一	美系品种、欧系品种	官能团：双键、羟基、酮基、醚基
乙醇	酒精、油	在葡萄酒的气味成分中含量最多，但气味不特别强烈	二，三	全部	官能团：羟基。发酵生成（=酒精）
异戊醇	杏仁奶油、杂醇油	该气味在谷物制作的酒中较多	二，三		官能团：羟基。酵母发酵所生成的成分。名称来自直链淀粉
乳酸	乳制品	气味较弱。对酸味的影响较大	二，三		官能团：羟基、羧基。乳酸菌所生成的成分
松茸醇	蘑菇、松伞蘑、松口蘑、泥土气味	松茸所具有的会令人联想到潮湿朽木的气味	二，三		官能团：双键、羟基。酿制、熟成过程中所产生的气味。别名1-辛烯-3-醇

物质名称/分子式	关于气味的描述	特征	第一、二、三层香气	含气味物质的品种	备考
乙烯基愈创木酚 	康乃馨	红瞿麦系气味	二，三	所有白葡萄酒	官能团：双键、芳香环、羟基、醚基。 被称作苯酚的气味
乙基愈创木酚 	烟熏、香料	该气味令人想起熏制品	二，三	所有红葡萄酒	官能团：芳香环、羟基、醚基。 被称作苯酚的气味
香草醛 	香子兰	出现在香子兰豆表面上的白粉即为香草醛。该气味直接反映香子兰特征	二，三		官能团：芳香环、羟基、醛基、醚基。 受木桶的影响很大
胡芦巴内酯 	胡桃、咖喱、蜂蜜、焦糖般的甜味	浓度较低时为黑糖糖浆般的气味，较浓时会变成咖喱粉般的气味	二，三		官能团：双键、羟基、酯基、内酯。 受个性的酵母和熟成方式的影响较大
二甲萘烷醇 	腐叶土壤、霉、灰尘	该气味会令人想起潮湿的泥土	二，三		官能团：羟基。 软木塞味及锈霉味
甲硫基丁醇 	腐叶土壤		二，三		官能团：羟基、氢硫基/硫醚基
1,5-辛二烯-3-醇 	金属性气味	与松茸醇相似，但有如握过铁棒的手的气味			官能团：双键、羟基
2,6-壬二烯醇 	黄瓜、甜瓜				官能团：双键、羟基

物质名称/分子式	关于气味的描述	特征	第一,二,三层香气	含气味物质的品种	备考
苯乙醇	干玫瑰	该气味令人联想起用作百花香（干燥的花瓣加香料，用于熏房间）的玫瑰	二,三	密斯卡岱、甲州	官能团：芳香环、羟基
1-乙醇	草坪	苹果般的气味		密斯卡岱	官能团：羟基。被称作苯酚的气味
3-甲硫基1-丙醇	马铃薯、西红柿	该气味会令人想起酱油		黑皮诺	官能团：羟基、氢硫基/硫醚基。受木桶的影响很大
3-巯基-1-己醇	百香果、葡萄柚的皮、黑醋栗	百香果、葡萄柚。浓度升高后，有汗臭味和猫尿味	一	长相思、赤霞珠、琼瑶浆、雷司令、阿尔萨斯系葡萄、甲州等	官能团：羟基、氢硫基/硫醚基。在具有酵母的酵素的作用下，从葡萄所含母体物中产生
▼ 官能团4　醛类类		醛基			官能团（醛基）。具有醛基（又名甲酰基）的类别叫作醛类。物质具有散发草味的倾向。
乙醛 CH_3-CHO	苹果	来自于乙醇，在体内形成的成分，因此，醉酒时从汗液中散发	二,三		官能团：醛基。氧化味（尤其是白葡萄酒）氧或微生物所生成
糠醛	面包、砂糖的焦糊味儿	该气味令人想起麦芽	二,三	密斯卡岱	官能团：芳香环、醛基、羟基
香草醛	香子兰	出现在香子兰豆表面上的白粉即为香草醛。该气味直接反映香子兰特征	二,三		官能团：芳香环、羟基、醛基、醚基。受木桶的影响很大

物质名称/分子式	关于气味的描述	特征	第一、二三层香气	含气味物质的品种	备考
3-己烯醛	叶子捣碎后的新鲜青涩味	该气味令人联想起西红柿的青涩味		密斯卡岱	官能团：双键、醛基
2-己烯醛	青苹果	该气味令人联想起水果的那种清爽酸味		密斯卡岱	官能团：双键、醛基
2,6-壬二烯醛	黄瓜、甜瓜	新鲜水灵的黄瓜般的气味			官能团：双键、醛基
官能团 5 酮类 酮基				官能团（酮基）。具有酮基的类别叫作酮类。物质具有散发有机溶剂般甜味的倾向。	
β-大马烯酮	花、南国系水果、苹果蜜饯、玫瑰、花香	大马士革蔷薇精油中所见的微量成分。量小也具有较强的甜味	一	霞多丽、赤霞珠、施埃博、麝香葡萄、密斯卡岱、甲州、香槟	官能团：双键、酮基。葡萄中所含。在酵素的作用下，变化成散发气味的分子
β-紫罗兰酮	紫罗兰	紫罗兰花的精油成分	一	白色系品种、麝香葡萄等。红色系品种中也有存在	官能团：双键、酮基。葡萄中所含。在酵素的作用下，变化成散发气味的分子
4-甲基-4-巯基-2-戊酮	黄杨、蕨类、芒果、热带水果	热带水果的甜味。即使量少，气味也很强烈	一	长相思、琼瑶浆、雷司令、施埃博、麝香葡萄、密斯卡岱、霞多丽等	官能团：芳香环、醛基、羟基
呋喃酮	草莓、奶糖、果实的甜味	草莓酱般的甜味	一	美系品种（少量）、欧系品种	官能团：双键、羟基、酮基、醚基

物质名称/分子式	关于气味的描述	特征	第一、二、三层香气	含气味物质的品种	备考
二乙酰	奶油糖果、乳清、黄油、坚果	黄油、酸乳酪等发酵乳制品的气味	二,三	霞多丽	官能团: 酮基。乳酸菌生成的成分
官能团 6　羧酸类　羧基		官能团（羧基）。具有羧基的类别叫作羧酸类。物质具有散发纳豆般气味的倾向。			
醋酸	醋（vinegar）	食用醋中含3%~5%。说到醋即可想象得到的酸味	二,三	全部	官能团: 羧基。不规则的微生物所生成的成分
己酸	醋（sour）	牛奶般的气味	二,三		官能团: 羧基。名称来自意为山羊的拉丁语
辛酸	馊了的黄油		二,三	全部	官能团: 羧基。名称同己酸，来自意为山羊的拉丁语
异缬草酸	醋（sour）、纳豆、汗	纳豆般的气味	二,三	全部	官能团: 羧基。不规则的微生物所生成的成分
苯醋酸	动物、蜂蜜	该气味令人想起动物的体臭	二,三		官能团：芳香环、羧基
乳酸	乳制品	气味较弱。对酸味的影响较大	二,三		官能团: 羟基、羧基。乳酸菌所生成的成分

物质名称/分子式	关于气味的描述	特征	第一、二、三层香气	含气味物质的品种	备考
酪酸	汗、纳豆	奶酪般的气味	二,三	全部	官能团:酮基。不规则的微生物所生成的成分
脂肪酸			—		官能团:羧基
官能团 7　醚类 醚基		官能团（醚基）。具有醚基的类别叫作醚类。分子量轻，气味具有甜、清爽的倾向。			
呋喃酮	草莓、奶糖、果实的甜味	草莓酱般的甜味	—	美系品种、欧系品种	官能团:双键、羟基、酮基、醚基
乙基愈创木酚	康乃馨	红瞿麦系气味	二,三	所有白葡萄酒	官能团:双键、芳香环、羟基、醚基。被称作苯酚的气味
糠醛	烟熏、香料	该气味令人想起熏制品	二,三	所有红葡萄酒	官能团:芳香环、羟基、醚基。被称作苯酚的气味
香草醛	面包的内侧、砂糖的焦煳味儿	该气味令人想起麦芽	二,三	密斯卡岱	官能团:芳香环、醛基、羟基
乙烯基愈创木酚	香子兰	出现在香子兰豆表面上的白粉即为香草醛。该气味直接反映香子兰特征	二,三		官能团:芳香环、羟基、醛基、醚基。受木桶的影响很大

物质名称/分子式	关于气味的描述	特征	第一、二、三层香气	含气味物质的品种	备考
2-甲氧基-3-仲丁基吡嗪	青椒、牛蒡	青椒、牛蒡所拥有的稍苦泥土般的气味	一	赤霞珠、长相思	官能团：芳香环、醚基、氨基
官能团 8　酯·内酯类		具有酯基的类别叫作酯，内酯类。物质有水果般的气味。内酯也是酯的一种，但具有特征性甜香，因此大多可以做出区别。 酯基　内酯			
3-巯基丙酸乙酯	硫黄、水果味（美系品种）		一	美系品种、欧系品种（少量）	官能团：酯基/内酯、氢硫基/硫醚基
醋酸乙酯	漆、指甲油、朗姆酒	含有很多水果中所含的果味的成分	二,三	密斯卡岱、雷司令	官能团：酯基/内酯 醋酸菌所生成的成分。醋酸的下一个阶段
醋酸苯乙酯	玫瑰、蜂蜜	类似玫瑰花的气味	二,三	全部	官能团：芳香环、酯基/内酯
己酸乙酯	苹果、香蕉、（蜜蜡、蜂蜜）、草莓、菠萝、吟酿香	在日本清酒中，吟酿香是一种重要的气味成分。菠萝般果味浓的气味	二,三	密斯卡岱	官能团：酯基/内酯 酵母所生成的成分。低温下长期发酵时较容易出现
丙烯酸乙酯	洋梨、菠萝、（蜜蜡、蜂蜜）、水果味、干邑白兰地		二,三	密斯卡岱	官能团：酯基/内酯 酵母所生成的成分，发酵香
乙酸异戊酯	成熟的香蕉	香蕉般果味浓气味	二,三	密斯卡岱、佳美（博若莱）	官能团：酯基/内酯 酵母所生成的成分，发酵香

97

物质名称/分子式	关于气味的描述	特征	第一、二、三层香气	含气味物质的品种	备考
威士忌内酯	椰子、树木	熟成时从橡木桶所溶出的气味成分之一	二,三		官能团:酯基/内酯。有时还被称作橡木内酯
γ-壬内酯	椰子、树木	该气味会令人联想到椰奶的甜味	二,三	美系品种	官能团:酯基/内酯
葫芦巴内酯	胡桃、咖喱、蜂蜜、焦糖般的甜味	浓度较低时为黑糖浆般的气味,较浓时会变成咖喱粉般的气味	二,三		官能团:双键、羟基、酯基/内酯。受个性的酵母和熟成方式的影响较大
蛋氨酸乙酯	金属		二,三		官能团:酯基/内酯、氢硫基/硫醚基。还原味
甲硫基丙醇乙酸酯	蘑菇		二,三		官能团:酯基/内酯、氢硫基/硫醚基。还原味
辛酸苯乙基	花、白兰地		二		官能团:芳香环、酯基/内酯
3-巯基-1-己醇	百香果、葡萄柚的皮、黑醋栗	百香果、葡萄柚。浓度升高后,有汗臭味和猫尿味	一	长相思、赤霞珠、琼瑶浆、雷司令、阿尔萨斯系葡萄、鸽笼白(Colombard)、甲州等	官能团:羟基、氢硫基/硫醚基。在酵母所含的酵素的作用下,从葡萄所含母体物中产生
δ-十二内酯	奶粉、米糠	炼乳般的甜味	一		官能团:酯基/内酯

物质名称/分子式	关于气味的描述	特征	第一、二、三层香气	含气味物质的品种	备考
丙酸乙酯	朗姆酒			密斯卡岱	官能团：酯基/内酯
其他的乙酯·酯类					官能团：酯基/内酯
己酸乙酯	洋梨	如洋梨般果味圆润的气味		密斯卡岱	官能团：酯基/内酯
其他的醋酸酯类				密斯卡岱	官能团：酯基/内酯
▼ 官能团 9　氨类					官能团（氨基）。具有氨基的类别叫作氨类。物质具有鱼贝类所代表的生腥味儿的倾向。
2-甲氧基-3-仲丁基吡嗪	青椒、牛蒡	青椒、牛蒡所拥有的稍苦、泥土般的气味	一	赤霞珠、长相思	官能团：芳香环、醚基、氨基
其他的吡嗪类	青椒、泥土、芦笋、熏烤	该气味成分大多出现在食品的烘焙时。多会令人联想到坚果	一	长相思、赤霞珠、品丽珠、梅鹿辄、黑皮诺、琼瑶浆、霞多丽	官能团：芳香环及其他。葡萄皮中含量较多。在气候不稳定的年份含量较多。含量与葡萄成熟度成反比
三甲胺	鱼的生腥味儿	如同鱼腐烂般的臭味			官能团：氨基

物质名称/分子式	关于气味的描述	特征	第一、二、三层香气	含气味物质的品种	备考
吡咯	圆葱味				官能团：芳香环、氨基
▼ 官能团 10　　硫·硫醚类 氢硫基　　硫醚基		官能团（氢硫基/硫醚基）。具有氢硫基和硫醚基的类别。具有煤气味、腐烂的圆葱味、橡胶味等令人不快的气味。 　　由于无论是氢硫基还是硫醚基都具有含硫黄的独特气味，因此归为一类。			
4-甲基-4-巯基-2-戊酮	黄杨、蕨类、芒果、热带水果	热带水果的甜味。即使量少，气味也很强烈	一	长相思、琼瑶浆、雷司令、施埃博、麝香葡萄、密斯卡岱、霞多丽等	官能团：芳香环、醛基、羟基。 在酵母所含的酵素的作用下，从葡萄所含母体物中产生
甲氧基苄硫醇	打火石、烟雾	若单独存在则会令人感到不快	一	霞多丽、长相思、赛美蓉、梅鹿辄、赤霞珠	官能团：芳香环、氢硫基/硫醚基。 （尤其是打火石的气味）受土壤的影响较大
3-巯基丙酸乙酯	硫黄、水果味（美系品种）		一	美系品种、欧系品种（少量）	官能团：酯基/内酯、氢硫基/硫醚基
乙硫醇	圆葱		二，三		官能团：氢硫基/硫醚基。 还原味
二甲基硫醚	椴梓、松露、海青菜、玉米	该气味会令人联想到海青菜	二，三		官能团：氢硫基/硫醚基。 还原味
二甲基二硫醚	椴梓、芦笋	该气味会令人联想到炒熟的卷心菜	二，三		官能团：氢硫基/硫醚基。 还原味

物质名称/分子式	关于气味的描述	特征	第一、二、三层香气	含气味物质的品种	备考
蛋氨酸乙酯 	金属		二,三		官能团:酯基/内酯、氢硫基/硫醚基。 还原味
甲硫基丙醇乙酸酯 	蘑菇		二,三		官能团:酯基/内酯、氢硫基/硫醚基
甲硫基丁醇 	腐叶土壤		二,三		官能团:羟基、氢硫基/硫醚基
糠基硫醇 	咖啡	咖啡的特征性气味成分。			官能团:芳香环、氢硫基/硫醚基
3-甲硫基-1-丙醇 	马铃薯、西红柿	该气味会令人想起酱油		黑皮诺	官能团:羟基、氢硫基/硫醚基。 受木桶的影响很大
3-巯基-1-乙醇 	百香果、葡萄柚的皮、黑醋栗	百香果、葡萄柚。浓度升高后,有汗臭味和猫尿味	一	长相思、赤霞珠、琼瑶浆、雷司令、阿尔萨斯系葡萄、甲州等	官能团:羟基、氢硫基/硫醚基。 在酵母所含的酵素的作用下,从葡萄所含母体物中产生
甲硫醇 CH_3-SH	温泉煮鸡蛋	腌萝卜般的气味	二,三		官能团:氢硫基/硫醚基。 还原味
苯乙亚硫酸 *无官能团醇 	轻微的刺激味（冲鼻子的气味）	处于防止氧化的目的而添加			在刚刚装瓶后等酒质不稳定时期或过度添加时会有此气味

酒杯与品鉴

——采录醴铎（RIEDEL）总裁的讲座

格奥尔格·醴铎
Georg Riedel
1949年生于奥地利。继承了酒杯手工系列（侍酒师）的理念，推出机械制造化的宫廷（Vinum）系列。使酒杯的量产的成为可能，醴铎杯在全球得到了普及。创建了欧洲最大的酒杯制造集团"RIEDEL GLASS WORKS"。

葡萄酒的味道会因酒杯的不同而发生很大的变化。为了最大限度地挖掘品饮时所发现的葡萄酒的优点，有关酒杯的知识也是不可或缺的。醴铎世家的10代传人格奥尔格·醴铎在讲座上仅利用3种红葡萄酒的酒杯便清晰明了地为我们展示了酒杯给葡萄酒带来的影响。他认为"酒杯是挖掘葡萄酒潜力的道具"。我们将这个展现格奥尔格·醴铎哲学的讲座采录下来以飨读者。

今天，从物理学的角度跟大家谈一谈葡萄酒。葡萄酒的酿酒师会讲一些土壤、小气候（micro climate）、酿制过程等有关葡萄酒的化学方面的知识，而我要谈的是服务方面的事情。这确实属于物理学范畴。酒杯不仅会左右葡萄酒的味道，其所产生的影响甚至会决定人对葡萄酒的喜好或讨厌等的情感，这样说，大家一定会很吃惊。

一个杯子甚至会使水的味道发生变化

众所周知，我们是有五感的。其中触觉、嗅觉、味觉是准确判断葡萄酒和食物所必需的。那么，我们来进行一个味觉方面的实验。

首先是水的品饮。水是品鉴的入门。之所以这么说，是因为水是没有香味的，只有触觉和味觉。说起味道，我们一定会联想起盐分和矿物质等成分吧。但是，它们所创造出来的味道上的差异几乎是微乎其微的。我们先简单地从瓶中直接品饮一下。最先表现出来的是温度，我们的触感是水很凉。其次是什么呢？如果含在口中搅动，我们会感觉舌头表面有矿物质的味道。

其次，将水倒在3个杯子（参照104～105页）中，来验证一下您的感觉。倒在3个杯子中的水是完全相同的，但我保证大家会感到味道的不同。另外，请大家想一下自己喜欢哪个杯子中的水。

首先，①是黑皮诺的专用杯。既没有香气也没有风味。将水含在口中，舌尖似乎会发痒的感觉。②是西拉的专用杯，在哪个部位会有感觉呢？恐怕是舌后部吧。而且，会更有矿物感。也会感受到水的浓缩感。换了个杯子，同样的水却产生了不同的感觉。③是赤霞珠的专用杯，水的流动与此前是完全不同的。水会在舌头的两侧扩散，慢慢地流动，大家感觉到了吗？会感觉水是很柔的。与用②的时候相比，会觉得稍微有些甜。

　　如果往这3个杯子中倒水，您会选择哪个杯子？选择①的人应该喜欢起泡酒。因为它会使舌头产生发痒的感觉。这种感觉是舌头所具有的非常细腻的触感。选择②的人是奢华的，可能会喜欢较强劲的葡萄酒，是不会介意单宁，追求力量感的人。与黑皮诺相比，他们更喜欢西拉和卡本内等。我觉得选择③的人是少数派。

1. 水

○ **从瓶中直接饮用**
利用没有香气的水来检验触感、嗅觉以及自己的喜好。本次讲座利用普娜（意大利、Acqua Panna）无气矿泉水进行了品饮。

○ **用黑皮诺专用杯品饮**
舌尖感觉发痒。无论用何种杯子品饮何种饮品，都要注意确认液体在舌头的流动部位。

○ **用西拉专用杯品饮**
在舌头的后部有较强的矿物质感，品尝到凝缩感。

○ **用赤霞珠专用杯品饮**
确认水的流动与前面的两种杯的差异。水在舌头的两侧流动，感觉有点甜。

○ **验证杯子所带来的对味道的偏爱**
黑皮诺专用杯适合喜欢起泡葡萄酒的人，西拉专用杯为喜欢具有力量感的葡萄酒的人所喜爱。喜欢赤霞珠专用杯所带来的味道的人为少数派。

○ **抓住杯子所带来的感觉特征**
黑皮诺专用杯会在舌尖部位有非常细腻的触感。西拉专用杯在舌的后部存在味觉刺激，有矿物质感。

2. 红葡萄酒品鉴讲座的流程

○ **用黑皮诺专用杯进行香气比较**
在各个杯子中注入40mL。黑皮诺专用杯表现出黑皮诺特征性香气和酒香（bouquet）。西拉专用杯表现矿物感，赤霞珠专用杯突出酵母和草或蔬菜的香气。

○ **用黑皮诺专用杯进行味道比较**
黑皮诺专用杯表现黑皮诺的果味和复杂性，舌头的前后一起发挥作用。西拉专用杯强调矿物感，赤霞珠专用杯突出酸与其中某个要素。

○ **用西拉专用杯进行香气比较**
赤霞珠专用杯香气青涩（Green）、酵母香较强、有生硬感（Angular）。西拉专用杯表现甘甜的果味。

○ **用西拉专用杯进行味道比较**
赤霞珠专用杯感觉不到果味，只能感受到酸和矿物质。西拉专用杯果味丰富，有奶油般的质感。舌头的前后一起发挥作用。

○ **用赤霞珠专用杯进行香气比较**
西拉专用杯比赤霞珠专用杯更能表现凝缩感，酒精感也较强，但表现不出风味的多样性和复杂性。

○ **用赤霞珠专用杯进行味道比较**
黑皮诺专用杯突出青涩的单宁，表现不出赤霞珠所特有的葡萄酒的甘甜及舒缓的单宁等。要找到各自适合的酒杯。

要先理解葡萄酒风味的由来

　　葡萄酒是由85%的水、14%的酒精以及1%的香气构成的。产生香气的第一要因是酵母。如果没有酵母便无法进行发酵，也就不可能酿制出葡萄酒。酵母会改变葡萄的糖分，生成酒精和二氧化碳。第二要因是果汁。红葡萄酒是在橡木桶中进行缓慢氧化的。果汁与含有酵母的桶的内侧接触之后所产生的酵母香也是第二种香气。在葡萄酒中所感受到的香子兰和巧克力等是含有酵母的桶香。第三要因是利用橡木桶进行的MLF。MLF能使苹果酸变成更柔和的乳酸。我们将苹果与酸奶进行比较就可以马上明白了。这些都会给葡萄酒带来柔和奶油般的质感。第四个要因是最有魅力的果皮部分。果皮关系到葡萄酒的颜色、结构、质感、单宁。

　　那么，我们开始进行香味实验。将黑皮诺葡萄酒倒入3个杯子中，请将杯子①拿在手中转动。让葡萄酒遍及整个杯子的内侧，这样能够更进一步感知葡萄酒所发出的消息。而且，请将鼻子靠近酒杯。最好将鼻子放在杯口进行直接接触。

从物理学的角度看葡萄酒

　　将注意力集中在第一种香气上。黑皮诺的最初香气是红色果香。樱桃、悬钩子等香气。其次是第二种香气，我们可以发现香料香。然后是草或蔬菜的香气。我们应该知道草或蔬菜的香气要素对香气的复杂性所做出的贡献。这便是酒香。

　　接下来请拿起杯子③。您一定会对香气的不同而感到吃惊。尽管是相同的葡萄酒，相同的浓度，而且同是醴铎的杯子，但这在醴铎的杯子中也是一个错误的选择。这种酒杯不能使我们找到所寻找的香气。它会减少葡萄酒的香气。感觉到的是酵母以及草或蔬菜的香气要素。在此，我们转向第三种香气。将杯子②拿在手中，注意第一、二层香气。其次是第三层香气、矿物质、土壤的香气。葡萄树在地下吸收土壤的香气。这样我们能够实际感受到同一葡萄酒所具有的3种香气。

讲座所使用的杯子

　　讲座使用的是右面照片中的3款（VITIS 酒仙系列）酒杯。是为酒体饱满具有凝缩味道的新型葡萄酒而开发的VITIS 酒仙系列。该系列酒杯是为最大限度地挖掘出各个品种的香气与味道，与各国生产商进行合作开发出来的，杯口的缩放、杯身的角度和大小等均根据葡萄酒的品种进行了精确的计算。

讲座品饮的葡萄酒

Shiiraz 2009
Reserve Piont Noir 2007
Show and Smith
Domaine Serene Evenstad
Cabernet Sauvignon 2008
Emblem Rutherford

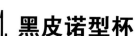

黑皮诺型杯

Vitis Pinot Noie
（酒仙系列）黑皮诺
　　最适合用于饮用酸味强、涩味中等、香气复杂的红葡萄酒。较大的杯身能够充分释放香气。葡萄酒杯引导至舌尖，以此来调整强烈的酸味与果味的平衡。也适合用于饮用佳美、巴罗罗（Barolo）等纳比奥罗葡萄酒。

使嗅辨香气分子的大小变为可能

嗅觉与分子大小的相互关系

　　为什么香气会因杯子的不同而发生变化呢？在科学上能够非常简单地加以说明。玫瑰花的花瓣与鸡粪的差别在哪儿？就在于分子的大小。为了能够明了分子的大小，我们的嗅觉一直在经受训练，今天才能够做到嗅辨1500种香气。因为是相同大小的分子，所以从3个杯子中我们能闻到相同的香气。但是，各个分子的重量是不同的，这种差异由于杯子的不同而使香气出现层级。

　　我们利用黑皮诺来发现它在哪个杯子中的香气特征最佳。请拿起杯子①再次嗅闻一下。在3个杯子中，这个杯子最能够令我们感受到红色果实的香气，这么说我想大家会予以认同吧。

这是由于黑皮诺香气的DNA只要沉落后就再也不会复原的性质。这个杯子所具有的角度成功地为黑皮诺的香气塑造出了层级。

分析黑皮诺的味道

接着，我们转向味道方面。请拿起杯子①。黑皮诺因其水果味（Fruity）、亲和感以及高酸度而闻名。其水果味较为娇嫩。用这个杯子饮用时，这种水果味会在舌的前部和后部完美地融合在一起。另一方面，杯子③只突出葡萄酒中的一个要素即矿物质感，这样味道便变得单调。也就是说，不能触碰到葡萄酒的本质。这个杯子所带来的是消极的感觉。

再尝试一下杯子②。这种杯子主要感受到的是矿物质。颇有意思的是各种杯子所表现的不仅仅是香气，在味道方面也反映了不同的要素。杯子①最能体现葡萄酒味道的复杂性，保持酒的果实味。杯子②主要表现矿物味，杯子③表现黑皮诺的高酸性。

酒杯的错误选择不会给你快乐，酒杯会左右葡萄酒的潜力。改变人对葡萄酒的感觉。

2. 西拉型杯

Vitis Shiraz/Syrah
（酒仙系列）西拉子/西拉
适用于饮用香料味较浓和具有凝缩感香气的酒体饱满型红葡萄酒。葡萄酒被引导至舌尖，在感觉充实的果味的同时补充若干酸味以此来调整整体的平衡。也适合用于饮用歌海娜、丹魄等葡萄酒。

3. 赤霞珠型杯

Vitis Cabernet
（酒仙系列）卡本内
适合用于饮用酒体饱满、涩味较强的红葡萄酒。舒缓缩窄且杯身较大的酒杯能够释放复杂、芳醇的香气。葡萄酒在舌面上横向扩散，在感觉酒体醇厚的同时缓解强烈的涩味。用于饮用品丽珠、梅鹿辄等。

塑料杯比玻璃杯好？

接着，我们来嗅闻一下用塑料杯装的西拉葡萄酒。虽然杯内装有足够多的葡萄酒，但没有香气。葡萄酒的香气分子在该款式的酒杯内没有停留之处，因此，香气释放不出来。另外，杯口过宽的酒杯会使分子扩散流失，从而也会导致香气的散失。请直接从塑料杯中饮用葡萄酒。去感受果味，用舌的后部感受较高的酸味、单宁。葡萄酒会很美味。

利用杯子③来感受香气。杯子会抓住香气并表现出来。但是，虽有香气，但过于青涩，酵母香也很强烈，没有弥漫膨胀感。喝起来也不美味。没有果味，只是单纯的酸味、矿物味。这就是酒杯的错误选择。这时，您是不是觉得用塑料杯反而会更好喝？

接下来，我们嗅闻一下杯子②的香气。散发出甜味。用塑料杯则没有香气。选错的杯子有的是草、蔬菜的香气。这种杯子是水果炸弹！如果注意力集中到质感方面，你会觉得有微弱的奶油般质感。颇具魅力的奶油般质感在舌面上表现为柔软甘甜，提高人的满意度。舌前部和后部同时产生作用，才塑造出绝佳的味道。

酒杯的杯梗宛如高跟鞋

即便款式相似，如果大小有别又作别论

请在3个杯子中倒入赤霞珠。从杯子③开始，将注意力集中到最初的香气，然后再集中到第二种香气。接着请将杯子②拿在手中。杯子②和③在形状上是相似的，但尺寸不同。杯子②更能表现出凝缩感，但不会像杯子③那样给予塑造绝佳香气的空间。能更进一步地表现酒的力量感和高酒精感，但不能表现香气的多样性和复杂性。

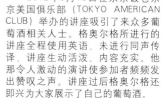

2012年3月15日在东京饭仓东京美国俱乐部（TOKYO AMERICAN CLUB）举办的讲座吸引了来众多葡萄酒相关人士。格奥尔格所进行的讲座全程使用英语，未进行同声传译，讲座生动活泼、内容充实。他那令人激动的演讲使参加者频频发出赞叹之声。讲座过后格奥尔格还即兴为大家展示了自己的葡萄酒。

这时，杯子①是错误的选择。如果看重杯子①的香气，你无论如何也不会觉得这是相同的葡萄酒。再次用杯子③来品味一下葡萄酒的单宁。极佳的葡萄酒的甘甜，单宁会将舌头舒畅地包裹起来。让人感到甘甜的是舌头的前部而非后部。若要了解葡萄酒的单宁含量，最好用杯子①进行尝试。在舌头的前部会感到很美味，但在后部会感到单宁很多，而且单宁的那种青涩会令您吃惊。

通过这3个葡萄酒的试验，我想大家会明白各个杯子所适合的品种。杯子①适合饮用黑皮诺、佳美，也可以适用于纳比奥罗。杯子②的适用范围较广，适合的品种有西拉、歌海娜、慕合怀特。如果去伊比利亚半岛，则是丹魄。往西来到葡萄牙，国产多瑞加（Touriga Nacional）则是完美的。若到了西班牙，佳丽酿（Carinena）、马尔贝克、丹娜（Tannat）都适合使用杯子②。南非的皮诺塔吉（Pinotage）使用这个杯子也是最佳选择。适合使用杯子③的是品丽珠、梅鹿辄及赤霞珠。

葡萄酒与品种、酒杯的结构

最后，谈一谈酒杯的结构。很多人往往会因为漂亮的款式来选择酒杯，请放弃这种做法。杯梗的高度就像穿着高跟鞋的女士。会给酒杯以平衡感。

最重要的不是外观而是酒杯的尺寸。请回想一下西拉型的杯子②与赤霞珠型的杯子③的尺寸给香气特征、香气的扩散所带来的差异。尺寸是第一位，形状是第二位。形状会控制葡萄酒在舌头上的流动。杯口排第三位。杯口将葡萄酒从舌尖运送至舌中部再到整个舌头。这3个要点控制葡萄酒的流动。希望大家在对这些有所理解的基础之上来选择酒杯。

是否有令人不快的气味？②

有时会听到"苯酚味（Phenole）"一词。
据说它是由于氧化的原因而产生的一种气味，被称作氧化味。
我们该如何判断这种含多种气味的苯酚味呢？

苯酚味

红、白葡萄酒都有苯酚味吗？

苯酚味在酿造学方面被称作缺陷味。现在已经解明苯酚味是由4种气味物质组成。在这4种物质中，有2种主要出现在白葡萄酒，其余两种主要发生在红葡萄酒上。事实上，虽都称作苯酚味，但在红白葡萄酒中指的是不同的气味。

4-乙烯苯酚和4-乙烯基愈创木酚主要出现在白葡萄酒中，在红葡萄酒中的含量是极其微少的。前者为药店的气味或药品味，后者大多被比喻为康乃馨的香气。另一方面，红葡萄酒有可能生成的4-乙基苯酚和4-乙烯基愈创木酚

在白葡萄酒中也是极其微小的。前者如墨水味，后者多会感觉类似熏香或香料的香气。另外，桃红葡萄酒产生苯酚味的原因可能是含有这4种物质。

目前我们已经知道导致葡萄酒产生苯酚味的这4种物质是在下述的过程中生成的。葡萄汁（未发酵的葡萄汁，含有破碎的葡萄、果肉、果皮等物质的混合液体）中所含的物质在酵素的作用下变成4-乙烯苯酚和4-乙烯基愈创木酚（葡萄酒中所含），其后，在酒香酵母所含的酵素作用下，进一步变成4-乙基苯酚和4-乙基愈创木酚。

因氧化因素而产生的气味

因氧化而产生的气味同样是令人不快的气味吗？

因氧化而产生的气味一般会用氧化味一词来概括，但是，准确地说它们并不是同义的。另外，这些气味在酿造学上大多被称作缺陷味。不过，也不能完全断言所有这些气味都是缺陷味。虽然挥发酸一词一般作为氧化味来使用，但它是具有挥发性的酸的总称。大多的场合指的是醋酸。

在葡萄酒的酿制过程中，因氧化因素所产生的现象，除了酵素，大多数场合与不规则乳酸菌、酵母、令人生厌的醋酸菌等微生物有关。这些乳酸菌参与其中之后，有时会产生如醋般的气味或

腐坏的酸乳酪般的气味。另外，如果前面提到的醋酸菌参与其中，葡萄酒中的酒精会变成醋酸，进而生成醋酸乙酯。醋酸乙酯的含量增多后，会有施敏打硬（Cemedine）胶水或涂料般的气味。产膜酵母所生成的醛会给人留下类似存放已久的苹果汁的印象。这种气味在雪莉酒中也能感受得到，但是，有时也会像汝拉葡萄酒那样，利用少量醛和葫芦巴内酯来酿制具有个性的葡萄酒。

这些气味单体或含量过多一定会令人感到不快，但仅少量含有时，可能会增加葡萄酒的复杂性和个性。

TASTING SHEET 1
Winart BOOKS原创

提高经验值是磨炼品酒术的捷径。
牢牢掌握外观、颜色、香气、味道……本特辑所解说的要点，
尝试撰写品鉴评论

检查项目	评论		可考虑到的选项
外观、颜色	清澈度		健全度=
	光泽		品种=
	起泡性		产地=
	酒圈		酿造=
	黏性		熟成=
	浓淡		
	色调		
香气 （摇杯前、后）	强弱		健全度=
	复杂性		品种=
	第一层香气		产地=
	第二层香气		酿造=
	第三层香气		熟成=
味道	第一感受（强度、具体的感觉）		健全度=
			品种=
			产地=
	口内的味觉（果味、酸味、甜味、涩味）		酿造=
			熟成=
	口内的味觉（酒体、容量、复杂味均衡性、结构、质感）		
	后味（余韵、余味）		
评价			
分数			

TASTING SHEET 2
侍酒师考试二次考试对应表

在本书的读者中一定有很多人想取得侍酒师或葡萄酒顾问的资格。
大家可以利用这个表格应对品酒考试。

白葡萄酒外观用语

01—清澈	02—混浊	03—清澈光艳
04—暗淡	05—有沉渣	06—有光泽
07—淡色调	08—浓色调	09—发绿
10—带橙色	11—淡黄色	12—浓金黄色
13—灰色	14—褐色	15—琥珀色
16—黄玉色	17—圆葱皮色	18—瓦片色
19—不鲜艳	20—水样黏性	21—会挂杯的黏性
22—极其成熟	23—鲜嫩年轻	24—平静不起泡
25—起泡		

红葡萄酒外观用语

01—清澈	02—混浊	03—有光泽
04—暗淡	05—有沉渣	06—健全的
07—淡色调	08—浓色调	09—发绿
10—带橙色	11—红宝石色	12—石榴石色
13—灰色	14—褐色	15—琥珀色
16—黄玉色	17—瓦片色	18—起泡
19—平静不起泡	20—鲜嫩年轻	21—已成熟
22—老熟	23—会挂杯的黏性	24—水样黏性
25—复杂的色调		

白葡萄酒香气用语

01—清爽的香气	02—高雅的香气	03—充满活力的
04—贫乏的	05—浓郁的	06—健全的
07—丰腴的香气	08—水果味	09—柑橘类
10—青苹果	11—越橘	12—洋梨
13—荔枝	14—葡萄柚	15—药草香
16—椴梓	17—白色花	18—矿物质
19—森林	20—麝香	21—蜂蜜
22—青椒	23—香子兰	24—烧巴豆杏
25—天竺葵	26—烤面包味	27—咖啡
28—甘草	29—松露	30—霉味
31—汽油味	32—硫黄	33—动物味
34—桂皮	35—金属味	36—SO$_2$
37—意大利香醋	38—陈腐的 (Rancio)	39—纸
40—醋酸	41—酵母香	42—木桶香
43—乙醚香	44—打火石	45—巧克力

红葡萄酒香气用语

01—丰腴的香气	02—熟成带来的酒香 (bouquet)	03—充满青春活力的芳香
04—贫乏	05—健全的	06—果酱般的
07—浓郁的	08—水果味	09—悬钩子
10—黑樱桃	11—干李子	12—黑醋栗
13—草莓	14—枯萎的玫瑰	15—植物味
16—椴梓	17—紫罗兰	18—圆葱
19—薄荷	20—矿物质	21—焦糖
22—青椒	23—香子兰	24—烧巴豆杏
25—烟叶	26—苦味巧克力	27—咖啡
28—香料味	29—蘑菇	30—黑胡椒
31—丁子香	32—硫黄	33—鞣皮
34—桂皮	35—金属味	36—SO$_2$
37—意大利香醋	38—陈腐的 (Rancio)	39—纸
40—醋酸	41—啤酒	42—霉味
43—乙醚香	44—腐叶土	45—茴芹

白葡萄酒味道用语

01—惬意的第一感受	02—侵鲜性的第一感受	03—活泼的第一感受
04—粗糙的第一感受	05—充满活力的第一感受	06—尖锐的酸味
07—丰富的酸味	08—贫乏的酸味	09—平庸的酸味
10—过剩的酸味	11—干型	12—半甜
13—具有浓厚的甜味	14—丰富的涩味	15—具有收敛性
16—水质味	17—惬意的涩味	18—醇厚（corsés）
19—受到损伤的	20—平衡良好的	21—不平衡
22—瘦弱的 (maigreur)	23—复杂的	24—略有咸味
25—苦味较强的	26—清爽的后味	27—过于年轻的
28—充满活力的味道	29—陈酿的味道	30—过熟 (surmaturité)
31—适饮期的	32—软木塞味	33—余韵在6秒以下
34—余韵在7～8秒	35—余韵在9秒以上	

红葡萄酒味道用语

01—惬意的第一感受	02—侵鲜性的第一感受	03—有重量感的第一感受
04—柔和的酸味	05—清新的酸味	06—温和的酸味
07—过剩的酸味	08—贫乏的酸味	09—干型
10—半甜	11—浓厚的甜型	12—惬意的涩味
13—溶入了单宁	14—具有收敛性	15—丰富的单宁
16—轻畅	17—浑厚的	18—醇厚（corsés）
19—受到损伤的	20—平衡良好的	21—酒精突出的
22—紧致的	23—复杂的	24—水质味
25—软木塞味	26—瘦弱的 (maigreur)	27—天鹅绒般
28—充满活力的味道	29—陈酿的味道	30—过熟 (surmaturité)
31—适饮期的	32—过于年轻的	33—余韵在6秒以下
34—余韵在7～8秒	35—余韵在9秒以上	

酒精度数

主要葡萄品种

产地

适合搭配的料理

TASTING SHEET 3
初中级所用的选择式品鉴表

在初期用语言将品鉴评论组织起来是一项很困难的工作。
首先要按照表格内容抓住基本要点，逐渐填补自己的语言描述。

日期	
一起进行品饮的成员	
项目名称	
年份	
生产者	
产地／法定产区	
葡萄品种	
酒精度数	
价格	
颜色的浓淡	水样稍淡　中等浓深暗
颜色（白）	发绿色　黄色　麦秆色　金黄色　琥珀色
颜色（红）	发紫红宝石色　红色　石榴石色　砖色茶褐色
颜色（玫瑰红）	粉红色　浅橙色　橙色　红铜色
清澈度	清澈略暗淡
香气（强度）	稍弱平淡的　芳香的　强劲的
香气（熟成程度）	稍年轻　适饮期　已熟成
香气（具体要素）	
味道（甜干度）	超干　干型　半干　半甜　甜型　超甜
味道（酒体）	极轻　轻盈　中等　中—饱满　饱满厚重
味道（酸）	尖锐脆爽　鲜酸顺滑
	类型：柔和调和干燥坚硬
味道（平衡）	良好适中不平衡（过度的：酒精酸单宁糖）
味道（风味的强度）	低适度　复杂强劲
味道（具体的风味）	
味道（余韵）	短（3秒以内）　中等（4～5秒）　长（5～7秒）　非常长（8秒以上）
风格	传统　中间　现代
结论	
与料理的亲和性	

TASTING SHEET 4
高级所用的采分式品鉴表

如果能够轻松地做到从选项中选择词汇语言，
那么希望大家使用自由式表格独立地对葡萄酒进行判断。
首先从国外比较流行的以20分满分的评分来进行。

	外观（3分） 颜色／浓度／清澈度	香气（7分） 强度／浓郁度／品种的表现 ／复杂性／缺陷	味道与综合评价(10分) 风味的强度／风味的浓郁度／ 酒体／平衡性／酸／复杂性／ 健全度／余韵	总分 （20分满分）
葡萄酒名				
	分数	分数	分数	分数
葡萄酒名				
	分数	分数	分数	分数
葡萄酒名				
	分数	分数	分数	分数
葡萄酒名				
	分数	分数	分数	分数

图书在版编目（CIP）数据

精品葡萄酒品鉴／（日）《葡萄酒艺术》编辑部主编 ；张军译. —沈阳 ：辽宁科学技术出版社，2019.5

（葡萄酒的艺术）

ISBN 978-7-5591-0757-2

Ⅰ. ①精… Ⅱ. ①葡… ②张… Ⅲ. ①葡萄酒－品鉴

Ⅳ. ①TS262.6

中国版本图书馆CIP数据核字（2018）第107730号

出版发行：辽宁科学技术出版社
　　　　　（地址：沈阳市和平区十一纬路25号 邮编：110003）
印 刷 者：辽宁新华印务有限公司
经 销 者：各地新华书店
幅面尺寸：185mm×260mm
印　　张：7
字　　数：300 千字
出版时间：2019 年 5 月第 1 版
印刷时间：2019 年 5 月第 1 次印刷
责任编辑：朴海玉
封面设计：周　周
版式设计：袁　舒
责任校对：李淑敏

书　　号：ISBN 978-7-5591-0757-2
定　　价：49.80元

投稿热线：024-23284367　hannah1004@sina.cn
邮购热线：024-23284502